BRICK
WHEELS

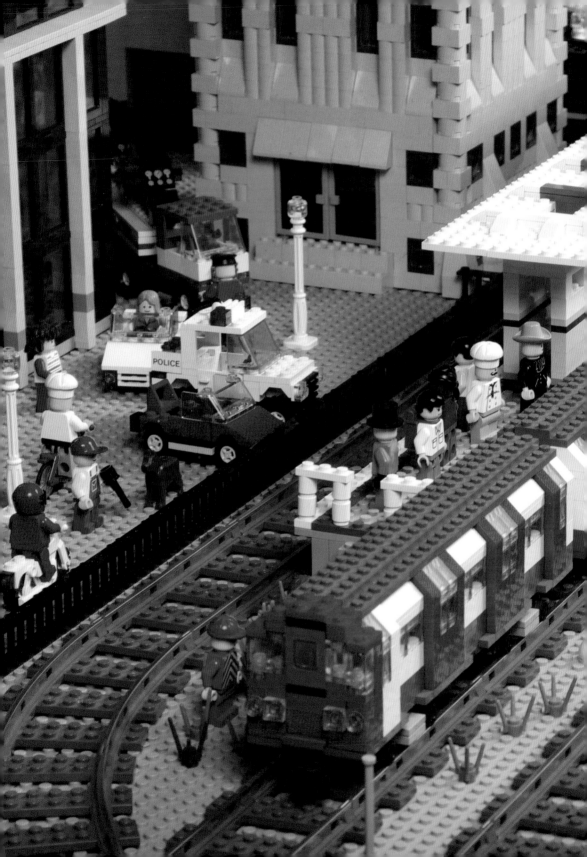

BRICK WHEELS

樂高交通工具大集合，神奇的飛機、火車、汽車、船隻和太空梭

華倫‧艾斯摩爾

遠流出版公司

BRICK WHEELS:
樂高交通工具大集合，神奇的飛機、
火車、汽車、船隻和太空梭

BRICK WHEELS: AMAZING AIR, LAND & SEA MACHINES TO BUILD FROM LEGO®

作　　者	華倫‧艾斯摩爾（Warren Elsmore）
譯　　者	施玫亞、陳希林
總 編 輯	汪若蘭
責任編輯	施玫亞、陳希林
內文版型	賴姵伶
封面設計	賴姵伶
行銷企畫	高芸珮
發 行 人	王榮文
出版發行	遠流出版事業股份有限公司
地　　址	臺北市南昌路 2 段 81 號 6 樓
客服電話	02-2392-6899
傳　　真	02-2392-6658
郵　　撥	0189456-1
著作權顧問	蕭雄淋律師

2015 年 10 月 1 日　　初版一刷

定　　價　　新台幣 360 元

有著作權‧侵害必究

ISBN 978-957-32-7641-8

遠流博識網 http://www.ylib.com E-mail: ylib@ylib.com

如有缺頁或破損，請寄回更換

國家圖書館出版品預行編目(CIP)資料

BRICK WHEELS 樂高交通工具大集合，神奇的飛機、火車、汽
車、船隻和太空梭 / 華倫 艾斯摩爾(Warren Elsmore)著；施玫
亞、陳希林譯. -- 初版. -- 臺北市：遠流, 2015.10
　　面；　公分
譯自：Brick wheels : amazing air, land & sea machines to
build from Lego
ISBN 978-957-32-7641-8(平裝)

1.運輸工具 2.模型

　　　　　447　　　　　　104007835

目錄

簡介

作者的話：用樂高積木做出交通工具！ 6
樂高積木的名稱 8
哪裡買得到樂高積木 11
電腦輔助設計 12
基本練習步驟 14
樂高交通工具：一篇簡史 18
樂高背後的科學 20
樂高的展出與活動 22
馬賽克技巧 24
樂高人偶 26
停格動畫 27
分類與儲存 30
線上資源 32

出發了

地面纜車 34
纜車車廂 36
羅馬戰車 42
聯合收割機 44
人力車 46
大小銅板腳踏車 48
馬車 50
摩托車的邊車 52
福特 T 型車 54
剷雪車 56
消防車 62
曳引機 64
雙層巴士 72
四輪驅動車 84
校車 90
油罐車 92
雪鐵龍 2CV 96
偉士牌速克達 98
MINI Cooper 100
挖土機 102
聯結車 104
賽車 108
拖車 118
福斯露營車 120
月球車 122

火車快飛

蒸汽火車 124
蒸汽火車頭 126
雲霄飛車 128
倫敦地鐵 134
史蒂芬生火箭號 138

纜索鐵道 142
濱海電車 146
窄軌火車 148
貨物列車 150
臺車 152
馬丘比丘火車 154
高鐵 156
迪士尼樂園單軌電車 158
歐洲之星 164

乘風破浪

郵輪 168
貨櫃輪 171
鐵甲艦 174
拖網漁船 176
運河船 178
氣墊船 182
風扇船 184
潛艇 186
客輪與汽車渡輪 190
滑水船 194
水下研究船 196
Zwarte Zee 拖船 198
雙體船 200
海岸巡邏艇 204
遊艇 206

展翅高飛

孟格菲熱氣球 208
熱氣球吊籃 210
達文西的飛行器 214
固特異軟式飛船 216
降落傘 220
直升機 222
氣象氣球 224
協和機 228
滑翔機 230
機場 232
塞斯納一七二型天鷹 238
美國太空總署太空梭 242
阿波羅登月小艇 244
美國太空總署火箭 246
太空船一號 248
時光機器 252

索引 254
幕後功臣 256

作者的話：用樂高積木做出交通工具！

據說人類史上第一個發明，就是輪子。現在，就讓我們用「輪子」為起點，一起來回顧人類的交通史吧。

我已經先後用樂高積木為創作主題寫了四本書，包含《樂高玩世界：用樂高積木打造全世界地標名景》（中文版由遠流推出）等。在這本書裡，我們即將穿越時空，看看全球各地的人所使用的交通工具是什麼。本書的每一種交通工具，都是用樂高積木做出來的，而且其中許多模型都有詳盡的步驟說明，讓你自己在家裡就可以複製出來。

樂高迷，無論年紀大小，都喜歡用樂高積木來做飛機、汽車、火車，而且打從樂高一發明開始，交通工具就是個廣受歡迎的主題。在這本書裡出現的交通工具，並非全部出自我的手，而是由我

來為各位精心挑選幾位我最欣賞的玩家所製作的精美作品。我盡量挑選各地的玩家，包括歐洲、澳洲等地，這也是向他們致敬的方法。

第一章的焦點是陸上交通：汽車、卡車和其他車輛，例如羅馬時期奔馳在帝國四境的戰車。而在動力交通方面，我從「大小銅板（Penny Farthing）」開始介紹（號稱人類史上第一款腳踏車），接著說明當代馬路上的其他交通工具，包含摩托車與摩托車的邊車、奔馳在馬路上載運樂高積木的卡車、清除路面的剷雪車等等。

第二章介紹一些超級的重型載重工具。首先是軌道車輛，包含了各種不同的火車，有歷史上著名的火車頭，也有當代常見的火車頭。接著是其他的軌道車輛，例如度假勝地常有的單軌電車。本

章還有一個單元教你如何用樂高人偶製作出專屬於你的樂高人偶雲霄飛車！

然後，我們暫時離開陸地，在第三章駛入汪洋大海，呈現各種航行在水面上的交通工具。內容有：傳統的拖網漁船、航行七大洋的貨櫃輪，還有許多歷史船隻，例如最早的「鐵甲艦」，以及連結英國與法國的大型氣墊船。如果你想要來點輕鬆的，也可以試試看用樂高積木做出划水板喔。

在最後一章裡，讓我們一起飛上天，超越一切吧。這章的主題有飛機、氣球、飛船、滑翔機、降落傘，甚至連太空交通工具都有。我們在前幾章已經征服了陸地與海洋，這一章改走空中交通路線：無論你是搭乘著名的商用航空機「協和號」，或者享受著超豪華的私人噴射機，或者有幸參與人類史上首度的商用太空飛行，這些都是最棒的旅行方式喔。

我盡量在本書裡介紹各式各樣的交通工具，不過交通工具的種類實在太多，在此無法一一完整呈現。不過也別擔心，因為你永遠買得到以交通工具為主題的樂高積木組，你可以隨著自己的創意而盡量組合。你想為你的樂高人偶做出什麼樣的交通工具呢？汽車嗎？火車嗎？一艘船嗎？還是一架飛機呢？還是一種完全不一樣、全新的交通工具呢？有了樂高積木，這些都不是問題！

——華倫‧艾斯摩爾

樂高積木的名稱

這是一塊 2 × 4 的樂高磚，也可以說是 4 × 2 的樂高磚。
也有人稱它是基本款（英文叫 eight-er 或 Rory）。你知
道嗎？每一塊樂高磚，都有它的官方英文名稱，當你想買
樂高磚來做出本書中的交通工具，若能知道這些正式的名
稱，會很有幫助喔。

樂高部件的命名共有兩個系統。第一就是樂高集團的官方
命名，每個部件都有它正式的名稱。

第二個系統則是全球各地樂高粉絲流通的名稱。這些粉絲
大都使用 L 繪圖系統，聚集在 BrickLink 線上市場。

樂高的命名系統很直接，很少例外。最基本的部件就
是一塊磚，例如左圖這塊 1 × 1 的樂高磚。

用這個為起點，接著把短邊的數字擺在前面，例如 1 × 1、
1 × 2、1 × 3 以及 1 × 4 的磚。

當然，也有人把長度比較長的磚稱為「四塊磚」。可是這樣叫會有個問題：圖右的要如何區別？它們都有四個顆粒。

從這裡就可以看出，為什麼樂高迷之間都採用統一的積木命名法。例如，如果你問朋友：可不可以支援我一塊 2 × 2 圓磚或 1 × 4 方磚？有了共通的命名系統，代表大家都聽得懂我在找什麼磚。當然，等到你需要的磚（英文叫 brick）都齊備了，就可以開始找「板（或薄板，plate）」、「平滑磚（英文叫 tile」或者「斜面積木（英文叫 slope）」了。這就是樂高的共通命名方式。現在，你已經知道樂高生產的四種基本部件類型了。

當然，樂高還生產其他各種不同的部件，其中有些用途很專門，而且外觀跟「磚」差很多。所以，我把所有的樂高零件，不管它們的外觀，全都統稱為「部件」。例如右圖就是一個 1 × 1 帶一個「旋扭（knob）」的樂高部件。

樂高集團是丹麥的公司，可是英文的「旋扭」這個字卻是從丹麥文翻譯過來的。由此可以看出，全球粉絲的命名方式為什麼會與樂高集團的官方命名不一樣——因為粉絲們都在網路上聚集，網路使用的語言是英語，而且美國粉絲的人數很多。在英語裡面，一個凸出來的小顆粒稱為「突起（stud）」，而不是叫做「旋扭」。在荷蘭語則把這種形狀稱為 nop，丹麥語叫做 knop。如果是拱形磚的命名，那就會變得更複雜了。

總之，哪種名稱才「正確」？雖然樂高集團有自己的官方名稱，這也不代表其他的命名就錯了。例如左圖的這個 1 × 2 波浪紋，官方的名稱是 Palisade Brick。

可是，你用 Palisade Brick 這個英文去和世界上其他粉絲溝通，大家會聽不懂。因為對粉絲來說，這個東西叫做 1 × 2 Log Brick。好，問題來了。如果你和我一樣，想要從網路上的 BrickLink 購買樂高部件（或者向世界上各地的粉絲購買），那會有溝通的障礙。很可惜，這個問題不容易解決，有時候你必須同時知道官方名稱和粉絲名稱，才能買到正確的部件，例如右圖的這個東西，它的兩個名稱分別是「Brick 2 × 1 × 1 1/3 with Curved Top」和「Brick W.Arch 1 × 1 × 1 1/3」。

左圖的兩個部件，名稱分別是「1 × 4 Arch Brick」或「Brick with Bow 1 × 4」，還有「1 × 4 Curved Slope」或「Brick with Bow 1 × 4」。

哪裡買得到樂高積木

自從《樂高玩世界：用樂高積木打造全世界地標名景》出版以來，我最常被問到的問題就是：你都在哪裡買樂高。簡單的答案是：我買樂高的地方和你一樣。不過，我的樂高作品都是超大型的，所以真正的答案會有一點複雜。

一般人常誤以為樂高集團已經沒有推出「純」部件的盒裝產品了（也就是盒子裡面只有部件，而不是依照特定的主題來裝盒）。這點並不正確。一位住在英國的成年人樂高粉絲針對這個主題研究了一番，並在網路上發表他的結論（http://bigsalsbrickblog.blogspot.co.uk/2014/08/it-was-all-basic-bricks-in-my-day-part.html）。他的研究發現，我們現在依舊可以像以前小時候一樣，從樂高公司買到只有部件的盒裝產品。

回到「我在哪裡買」的問題。首先，我買進大量的套裝樂高產品，尤其是我想蒐集特定形狀的部件的時候。有時候我需要用到罕見的部件來搭建我的樂高作品，若看到外面有販賣某個主題的樂高盒裝產品，而裡面有我需要的部件，我就會為了那個單一的部件，而把整盒都買下來。

不過我的主要來源還是網路上的樂高賣場，最有名的就是 brickowl.com 以及 bricklink.com。這兩個賣場和 eBay 類似，只不過它們專賣樂高零部件，而且它們的存貨幾乎涵蓋了史上所有生產過的樂高零部件，而且它們的產品型錄還可以告訴你哪裡的哪位賣家擁有哪種零部件。要找到你需要的商品，可能要花點時間。不過可以確定的是這兩個賣場可以提供你需要的特定商品——只要有人拿出來賣的話。

如果我正在做一個大型的樂高作品，我會盡量在我最常光顧的賣場裡去找現有的部件。這個賣場，就是我家附近的樂高產品專賣店（也就是大商城裡常見到的、門口有個樂高商標的專賣店）。這些專賣店和各地的樂高樂園裡都有一面叫做「自己找零件」的牆面，裡面有各種部件，販賣的方式則是「一個容器裝到滿」的固定價格。這樣的優點在於你可以買到大量的樂高部件。舉例來說，我要蓋一座樂高機場，機場的跑道需要用到大約 1 萬個 2 × 2 淺灰色平滑磚，數量非常驚人。只要我家附近的專賣店有淺灰色的平滑磚上架，我就立刻入手。選擇淺灰色的原因是它的供貨量大，如果我執意選擇要蓋出深灰色的跑道，那可能就要花更多的錢了。

如果你家附近沒有樂高專賣店，或者店裡沒有你需要的特定部件，那麼還有一個地方可以考慮：網路上的樂高專賣店（http://shop.lego.com/en-US/）。樂高官網上也有一個虛擬的「自己找零件」牆面，可選擇的部件很多。雖然價格比較貴（若以每個部件的單價來計算），不過卻可以在這裡找到你需要的特定部件。

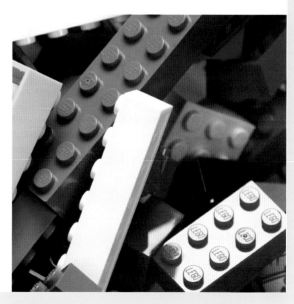

電腦輔助設計

不管你擁有多少塊樂高積木，好像永遠都不夠。如果你沒有所有你需要的樂高積木，那要怎麼做出你想做的交通工具？我在寫這本書的時候，採用的方法就是樂高電腦輔助設計。

電腦輔助設計（CAD）軟體讓你可以使用虛擬的樂高積木，製作出驚人的作品來。在電腦上，積木的數量不是問題，顏色也可以任選，你終於可以做出終極的樂高模型了。目前有兩種常用的樂高電腦輔助設計軟體，而且都是免費的。

「樂高數位設計師（ldd.lego.com）」的軟體可在樂高官網免費下載到 Mac 電腦或 PC 電腦。軟體安裝完畢後，它會下載一個樂高積木部件的總表（也就是現在市面上買得到的樂高積木），好讓你去製作你的終極樂高模型。不過下載的時間會比較久，因為樂高的積木部件種類實在太多了。

新版的「樂高數位設計師」裡面，還包含「標準」和「延伸」兩個模組。採用標準模組的話，則你只能使用目前市面上已有的樂高顏色。採用「延伸」模組則無此限制，你可以讓想像力無限馳騁。

「樂高數位設計師」的真正優點在於，只要在這個軟體上搭得出來的樂高模型，那麼在真實世界裡面也搭得出來——你只要把兩塊磚拉近，它們就會自動接合。組合完成後，「樂高數位設計師」甚至能產生線上的步驟說明書，讓你在真實世界裡面使用。只要切換到「製作指引模式」，遵循上面的指引即可。

「L 繪圖系統（LDraw, www.ldraw.org）」是另外一種常用的樂高電腦輔助設計軟體，它比「樂高數位設計師」的年代來得早，而且是由全球各地的樂高粉絲所建立和維護的，不是樂高集團的官方軟體。

既然樂高集團已經提供了免費的電腦設計軟體，粉絲們幹嘛還要自己弄一個軟體出來？對我來說，「L 繪圖系統」擁有幾個重要的優勢。第一，幾乎史上曾經生產過的所有樂高積木部件，都可以在這個軟體裡找到，而且有時候這些舊款的組件可

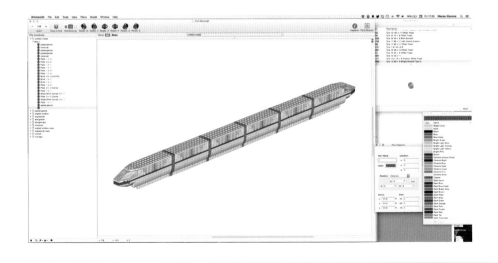

以完美使用在你想製作的某些特定樂高模型上面。這個軟體裡的每一個部件,都是樂高迷辛辛苦苦依照真實部件的外觀繪製出來的。

第二,用「L 繪圖系統」軟體來編輯的時候,彈性比「樂高數位設計師」大多了。舉例來說,我使用的工具叫做 Bricksmith(http://bricksmith.sourceforge.net/),它可以容許你搭建出真實世界裡不可能存在的樂高模型。我在設計模型時,有時會把整件作品全部用一個一個的 1 × 1 樂高磚來搭建,試作出整體的外觀。當然,如果我想要在真實的世界裡這樣做,這個模型是一定會垮掉的。用電腦來模擬的話,我就沒有後顧之憂了,不必擔心我做出來的這個模型會不會垮掉。

想要規劃出一個大型樂高作品,尤其是進行細部微調時,如果能跳脫真實世界的侷限,採用「真實世界裡面會垮掉」的方法來設計,那會很方便。例如,在電腦上我可以把兩塊磚放置在同一個空間裡,可以把一塊磚沿著另一塊磚的表面滑動,不必擔心另一塊磚的表面上有好幾個小顆粒在那邊礙事。電腦上也可以很方便的把兩個 1 × 4 磚替換成一個 1 × 8 磚,不用擔心上面或下面的其他磚卡在那裡。

這種彈性也有缺點。你採用「L 繪圖系統」設計出作品之後,真正要搭建的時候,你就必須自己想辦法讓這件作品不要垮掉,換句話說,你要自己寫出你的步驟說明書。對我來說,「L 繪圖系統」的優點大於缺點,本書中所有出自我的樂高作品,都是運用「L 繪圖系統」設計出來的。

「L 繪圖系統」可以支援許多不同的其他工具,讓你設計出你的樂高作品或者寫出你的步驟說明書。雖然每種工具的運作都不太一樣,它們使用的基本樂高部件卻是相同的。在本書中我使用的是 Bricksmith 搭配 Mac 電腦,步驟說明書則是使用 LPub 工具來產生。我深深的感謝每一位辛苦投入「L 繪圖系統」的前輩們,也謝謝 LDraw.org 裡面的每一位工作成員。

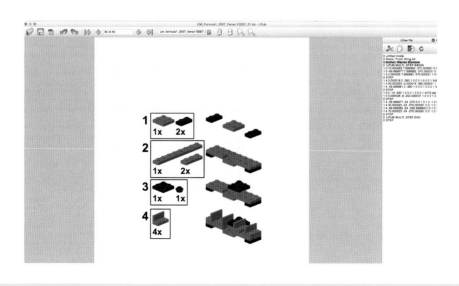

基本練習步驟

肥皂箱賽車

樂高積木可以做出各種不同外型、尺寸的交通工具。既然這樣，你要怎麼開始進行你的樂高交通工具計畫呢？在真實的世界裡，很多美國人小時候都製作過「肥皂箱賽車」，啟發了他們對於競速或機械的興趣。現在，就讓我們用肥皂箱賽車來練習我們的樂高交通工具計畫吧。

我小時候沒製作過肥皂箱賽車，可是回想起來，如果當時有機會，我也會很想搭著這種賽車的。肥皂箱賽車的競賽規則很簡單：找一個山坡頂，用重力加速度溜下山坡，誰的賽車最快抵達山腳，誰就是贏家。這種賽車不能裝引擎，設計者只能仰賴自己的創意和重力加速度。最早，小朋友們是拿肥皂箱來製造這種賽車，而「肥皂」本身則和賽車無關。

肥皂箱賽車最大的特點，就是可以見到各種不同的設計。有的肥皂箱賽車很流線型，外觀符合氣動原理，有的設計概念只是強調有趣或怪異。我在這裡為大家設計了一個非常簡單的底盤，你可以用這個底盤為基礎，往上開始建造你自己的肥皂箱賽車。

我採用的底盤部件非常容易取得，對你來說應該不是問題。輪子、紅色薄板、方向盤、座椅等都是常見的樂高部件，不管選用哪種顏色都沒關係。

賽車的車頭和車尾部分，我選用 2 × 2 帶一個顆粒（突起）的薄板，你可以在這些薄板上面加蓋錐形車頭，或者是其他的車尾設計。就算沒有錐形的部件，也沒關係，只要直接搭在紅色的薄板上就好。

後面幾頁是我在工作室裡設計出來的樂高賽車。我也很想看看你自己設計出來的樂高賽車呢！

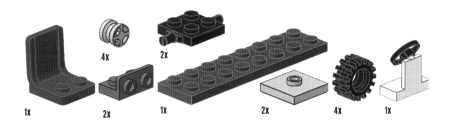

1

2

3

4

5

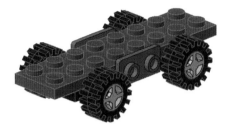

6

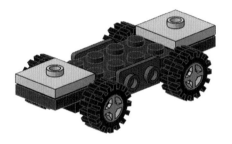

7

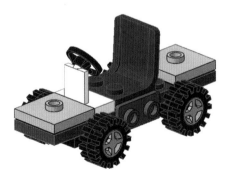

樂高交通工具：一篇簡史

你知不知道，樂高交通工具的歷史，甚至比樂高磚更久遠呢！真的。

樂高集團的創辦人，是丹麥的歐爾（Ole Kirk Christiansen）。他早在一九三〇年代就開始生產玩具了。他原本是木工，專門幫人蓋木屋，後來經濟情況不好，於是轉行開始生產玩具。

今天已經無從考據歐爾生產的第一款玩具是什麼樣子。可是如果我們回頭檢視一九三二年歐爾先生的丹麥原文價目表，可以看出裡面有幾個東西已經裝上了輪子：「Sportsbil（跑車）」、「Lokomotive（火車）」、「Legevogn（手推車）」。歐爾持續生產木製玩具，產品包含各種不同的車輛及手拉車。

後來，金屬小汽車出現在市場上了，慢慢取代了木製的汽車、卡車，可是木製的交通工具並沒有因此絕跡。事實上，一直等到樂高公司正式成立，歐爾的木製玩具車才終於停產。

一九五八年一月二十八日下午一點五十八分，樂高取得了專利權，這就是我們今日熟悉的樂高磚。樂高磚上市後，立即推出盒裝的套組產品，也有一包一包的備品供零售，讓買家可以輕易搭建出房屋與車庫。可是在那個時候，樂高產品並不包含「輪子」這個東西。當時的人若要在自己的樂高城市裡面放上車輛，只有金屬的汽車可以選用。

直到一九五九年，樂高終於開始生產輪子了，一開始是搭配套裝產品一起出現。輪子都是紅色的，輪側有小顆粒，還有金屬軸突出輪中心，如果一不小心踩到了，可是會痛的呢。

有好長的時間，樂高一直生產這種輪子。搭配火車的鐵軌也出現了，有的樂高車輛還有馬達動力，也有其他各種車輛。此時也出現了不同尺寸的樂高輪子，有的在輪邊只有單個顆粒，有的有四個顆粒，最大的有十二個顆粒。到後來，這些輪子就慢慢停產了。

進入一九八〇年代，塑膠軸取代了樂高輪子的金屬軸，後來塑膠軸又被融入長形板當中，長形板上面還有顆粒以供搭接。當代的產品已經做到可以直接從軸上面更換整個輪子和輪胎（如果想要換不同顏色的輪子），而不必把整片長形板拆下來。這樣，就和真正的汽車換輪子方法一樣了。一九八〇年代出現的超小輪軸搭接器到今天還可以買到，讓各式各樣的樂高交通工具可以擁有各種不同顏色、種類的胎面或輪子。

不過，樂高還是繼續推出金屬軸的車輪。樂高火車套組越來越流行，對樂高輪子的順暢度要求也越來越高，只有用金屬軸才能確保輪子運轉的順暢。如果要更換樂高火車的車輪，過程就比較複雜了。

今日幾乎每款樂高輪子都可以用無窮的方法和其他部件搭接，這也反映了樂高創辦人秉持的原則。無論你想用一根小軸或者一個超大輪子來搭配樂高 Technic 系列的連接器或者車軸，你都可以跟隨自己的創意，自由自在的發揮。

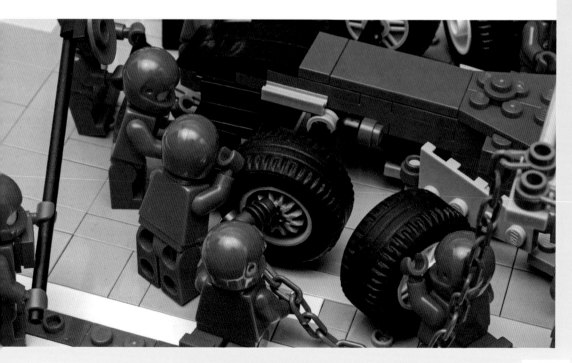

樂高背後的科學

你有沒有想過，為什麼樂高積木這麼的特別？舊的作品可以輕易的拆開變回一塊一塊的積木，讓你搭建一個新的作品；但是這些積木又非常的堅固。其實，樂高積木的背後有一套科學道理，而我本人非常幸運，曾經和樂高集團裡面的許多工作人員討論過樂高的科學原理。

兩塊樂高積木接合在一起之後，會產生堅固的力道。樂高集團在設計積木的時候，必須確保「接合後不致鬆脫」的狀態，因此最基本的要求就是積木與積木之間相互扣合的力道，這樣搭建出來的樂高模型才不會垮掉。可是，若是扣合力道太強，那麼又很難拆。

所以樂高集團是經過精密的計算，才設計出如何讓積木與積木之間具有適量的扣合力道，而且每一塊積木上面每一個小突起的扣合力道都是相同的。如果你家有樂高的「得寶（Duplo）」系列產品，不妨拿起來測試一下它每個部件是否都呈現完美的扣合狀態。得寶系列是為了兒童所設計，因此扣合的力道不會太強。

另外，樂高積木的顏色，也是一門重要學問。如果我想做出一款紅色的樂高交通工具，那麼我會期望所有的部件全部都是一樣的顏色，也就是同樣一種紅。如果你家有其他品牌的積木，不妨拿起來比較一下：其他品牌的積木，是否能做到「只要是紅，就是同一種紅」的境地呢？

其實，如果所有的積木都是由同樣的材質所製造，那麼要維持色度的統一性並不難。可是樂高集團的產品種類非常多，而且，你可能不知道的是，樂高的產品並不是用同樣的材料所生產出來的。大部分的樂高磚都是源自一種叫做 ABS 的塑膠，而那些比較繁複、具有高度彈性的樂高部件則是源自其他的塑膠原料。因此，樂高公司必須經常監測，讓每種產品（不管它們是否源自相同的材料）的顏色都維持統一。

你有沒有想過，要花多大的力道，才能壓垮一塊樂高磚？如果你想搭建一個超大型的樂高模型，那麼在最底下的樂高磚，會不會被上面樂高磚的重量擠壓到變形呢？英國空中大學的材料應力實驗室曾經拿樂高磚來做過實驗，實驗對象是一塊最常見的 2 × 2 方磚，將它放在工業機具底下擠壓，測試它能承受多大的應力而不至變形。結果發現，要等到這塊樂高磚承受了三百五十公斤的重量，它才會慢慢變形，最後被壓扁。把這個重量拿到真實世界裡面來計算，則你的超大樂高模型必須高達三千五百公尺，底下的樂高磚才會被壓扁。所以，安啦。

空中大學實驗照片。
攝影 © 大衛 · 菲力斯（David Phillips）

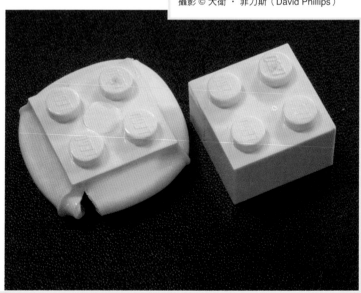

樂高的展出與活動

這是提姆 · 羅斯（Tim Ross）的金礦場作品

全球的樂高迷真是幸運，因為各地都有各種不同的樂高主題展出與活動可以參加。而菁英樂高達人也可以在這些活動當中展出自己最好的作品，讓不同年齡的樂高迷觀賞這些用耐心、用創意、用努力所製作出來的樂高模型。以下的照片攝自二〇一四年 BRICK 展，這是由樂高官方所贊助的樂高作品展示，於倫敦市的卓匯中心（ExCeL Centre）舉行。這次展覽非常成功，四天內吸引了五萬人與會，現場有各式各樣與樂高相關的作品與產品，還有來自全球各地樂高達人提供的好幾百件作品，以及樂高遊戲區、主題互動區、樂高實做區、樂高賣場等。這裡可說是樂高迷的終極美夢成真：數以百萬計的樂高磚供你使用。

這是柏特 · 吉森（Bert Giesen）的作品

這件作品是由
賽門 · 匹克德（Simon Pickard）所製作

馬賽克技巧

基本上，樂高馬賽克的技巧並不難。雖然樂高積木的顏色有限，卻已經足夠你拼製出一幅漂亮的圖畫了。所以，重點在於你想要製作的圖案，以及選擇了圖案之後要如何用樂高積木堆疊出來。這裡提供你幾個小心得，讓你參考。

第一個挑戰，在於你要選擇什麼圖案來製作馬賽克。或許你想要用樂高拼出你自己的照片，或者是你最喜歡的卡通人物，或者你喜愛的其他圖形。若你想要做出一個大家都按讚的樂高馬賽克，那麼就盡量不要選用太繁複的圖形。如果你選用的圖形有太多色度、光影或者細節，那就比較難用樂高馬賽克做出肖真的成果，而且說不定做出來的東西會讓你傻眼。因此，盡可能採用單純的圖形，顏色以鮮豔為要，圖形變化不要太多。好，讓我們先假設你已經在電腦上選定一幅適當的圖形了。

有很多種方法可以讓你把你選定的圖形轉換為樂高馬賽克。其實，一幅樂高馬賽克作品基本上就是一幅低解析度的圖形。你可以試試看，在電腦上把你選用的圖形降低解析度，直到出現方格為止，這樣看起來就很像樂高馬賽克作品了。當然，這種方法並非永遠管用：圖像可能無法辨識，或者顏色種類太多。如果這樣的話，就要請樂高馬賽克軟體上場協助了。

市面上有很多軟體可以把你選用的圖形轉換成樂高馬賽克，原理都是自動調低圖形的尺寸和顏色。我在本書的馬賽克作品中，選用了 Pictobrick（www.pictobrick.de）以及 Photobricks（www.photobricksapp.com）這兩種軟體。兩種軟體用起來都很簡單，都會自動詢問你想製作的馬賽克作品尺寸，以及如何減少顏色的種類。完成後還會給你一幅說明書，告訴你哪塊磚要放哪裡，你只要按照說明一步一步完成即可。

在樂高馬賽克的世界裡，沒有不可能的事，樂高馬賽克的世界紀錄不斷刷新，每件作品的磚塊動輒上百萬個。只要你想，就有可能。

這兩幅作品出自《樂高奇景》一書。「南極光」（下圖）以及網際網路纜線分布圖（右圖）。

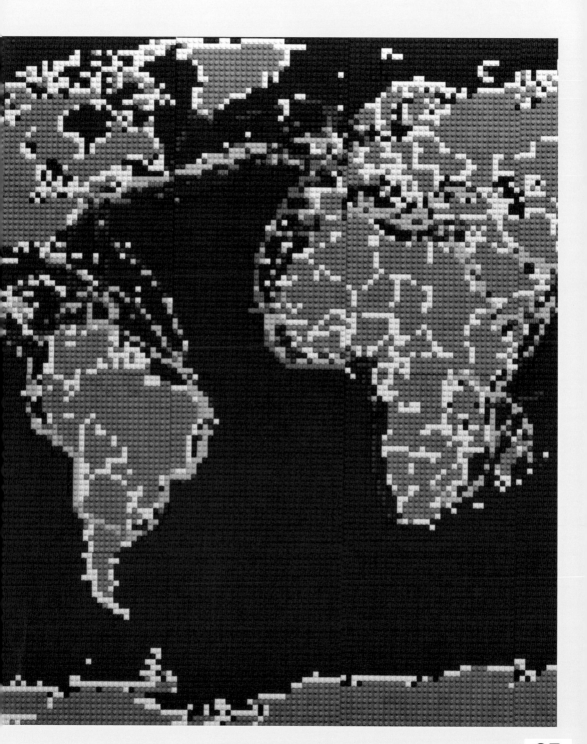

樂高人偶

樂高人偶首先出現於一九七八年，到目前已經生產了四十億個！全球各地都有人瘋狂收藏。樂高人偶通常是和組套的樂高產品一起賣，現在也有單賣的人偶或人偶鑰匙鍊、人偶磁鐵等。另有授權的電影樂高人偶造型，例如下方圖中由英國客製公司 Minifigs.me 所研發的人偶。

如果樂高場景沒有人偶，那就少了畫龍點睛的效果。Minifigs.me 這家公司是目前最大的客製化人偶生產商，每個作品都是精心打造，一點細節都沒有少，因為一個有表情的人偶，才是一個活生生、有魅力的人偶。這家公司為了替小人偶設計衣服，不惜花費長時間一點一滴修改。不過，人偶的靈魂還是在於他們各自不同的人性特點。

當 Minifigs.me 公司接到客製訂單之後，接下來就是小心選用正確的部件，以便製作出適當的人偶。首先是做出裸身人偶，送進高科技的電腦印表機（上色機）。製作出來的人偶，不管是要用在電影裡面還是客戶訂製的特別產品，永遠都會是獨一無二、非常特別的人偶。

停格動畫

你知道嗎，停格動畫的製作技術，對樂高產品非常重要。近年來停格動畫越來越流行，社交網站上常見到有人上傳停格動畫製作的音樂錄影帶或者影像檔，往往吸引百萬人觀賞。二〇一四年上映的《樂高玩電影》大量運用停格動畫技術，更助長這份熱潮。住在英國格拉斯哥的青少年摩根·史賓斯非常喜歡停格攝影技術，他取用我上一本書《用樂高複製經典電影場景（Brick Flicks）》的作品，自行拍攝了一部停格動畫片，上傳Youtube之後竟然吸引了一百多萬人次的欣賞！史賓斯從小就喜歡攝影，喜歡樂高，十二歲那年就開始結合這兩項嗜好進行創作，因此他很早就踏入了停格動畫製作的領域。

到底什麼是停格動畫？它需要拍攝大量的定格照片，然後將這些照片組合起來用高速播放，製造出一種視覺假象，讓觀賞者以為定格照片裡面的東西正在移動。這樣需要花費很長的時間，因為每一次拍攝時，只能把照片裡面的人物、車輛、物體移動一點點，往往照了好幾百張照片，只能製作出幾秒鐘的影像。最近由阿德曼動畫工作室推出的《酷狗寶貝》就是一個例子。史賓斯用15FPS的規格來製作他的停格動畫（也就是每一秒鐘裡面有十五幅圖像）。

過程中，史賓斯借用了他爸爸的數位相機，以及網路上隨手可得的免費動畫軟體（包含 iStopMotion: http://boinx.com/istopmotion/mac 和 Helium Frog: http://www.heliumfrog.com 這兩種）。只要利用這些簡單的工具，加上你自己的創意（或許加上這本書裡面作品給你的啟發），你也可以做出驚人的效果。我個人的第一部停格動畫作品是緊張刺激的動作片：樂高劫獄、飛車追逐、火車出軌。二〇一三年的時候，史賓斯的作品獲選進入我的「樂高玩世界」全球巡迴作品展。後來他又攝製了更多作品，讓我的書《樂高玩世界：用樂高積木打造全世界地標名景》當中的作品活了起來，還以《用樂高複製經典電影場景》裡面的人物，複製出好萊塢電影的樂高停格動畫版。以上的精彩內容，都可以在史賓斯的個人網站上面欣賞：morgspennyproductions.co.uk。

攝影 © 摩根 · 史賓斯（Morgan Spence）

若你想製作停格動畫的話，開拍之前最好先有個完整的計畫。史賓斯每次有了點子之後，會先寫下分鏡腳本，規劃出劇情，然後思考不同的運鏡角度，好讓片子欣賞起來更有趣。分鏡腳本上會記載他的一切想法。當然，拍攝過程中另一個好玩的地方是搭建樂高場景，擺弄裡面的人物姿態。無論是拍攝忙碌大街或現代辦公室裡的場景，史賓斯都會在事前想清楚要添加哪些細節，以便使得作品看起來更真實。準備工作完成後，就準備開拍了。他的工作地點是暗房（動畫的剋星是自然光——如果你在自然光的環境下拍攝，太陽下山的時候你的作品光線就會改變了）。暗房裡的光源是燈泡和其他的小規模光線效果。整個拍攝過程中，他也不斷思考音效和配樂的問題。這兩者的好壞，可是會對最後的成品產生很大的影響呢！

近年來史賓斯投資入手更高階的相機、專業動畫和編輯軟體，也使得他的作品越來越好。

我還要特別提醒一點：停格動畫需要耐心，大量的耐心，尤其如果你是新手。不過，你一定會越練越厲害。畢竟停格動畫真的好玩，而且值得把作品長期保存下來，在銀幕上看見你的樂高場景開始活動，真的是一件快慰的事。我希望你也能試試看，讓你的想像力無限飛奔，不受限制，讓你的樂高交通工具動起來！

分類與儲存

「分類」是每個樂高迷的困擾。開始玩樂高不久之後就會發現，要找到正確的部件，遠比實際搭建模型的時間要長。既然這樣，該怎麼辦呢？最佳的分類方法到底是什麼呢？

如果你的樂高磚數量很少，例如只有一盒或兩盒，那麼最好的分類方法就是不要分類，反正你的選擇不多，把所有的東西都放在一個盒子裡面，或許是個不錯的點子。換個角度看，就算你的樂高磚數量非常多，「不要分類」也是一種可行的方法。我個人擁有一個工作室，裡面有數以百萬計的樂高磚，各種顏色都有，可是往往我的最佳創意都是用少數幾塊樂高磚就搭出來的，或者是利用手上現有的樂高磚所搭出來的。所以，「不分類」有時候也很有用。

等到你的樂高磚越來越多，你應該會想要把它們加以分類，對儲存或日後的創作都有幫助。分類的方法很多，最多人用的方法就是依照顏色或者依照形狀。樂高迷通常會先嘗試按顏色分類，這樣以後要蓋一棟白房子的話，只要從一大盒白色的部件裡面去找就好了。容易吧？

用顏色分類有個缺點：黑色。你在一大盒黑色部件裡面找一塊特定的磚，實在有夠難，除非現場的光線很強。所有黑色的部件全部混合在一起，想找的永遠找不到。等到你的樂高磚越來越多，你還會發現光是用顏色來分類，實在很難管理。若你有一大盒藍色的樂高磚，要在裡面找到一塊 1 × 2、兩面都有突起顆粒的部件，真的不容易。

因此，許多樂高迷開始用「種類」，或者是外觀，來分類。每種不同的部件都放在專屬它的小收納盒裡，這樣就很容易找了。可是等到你的樂高磚越來越多，你又會發現用形狀來分類不實際：難道你要買好幾千個小型收納盒嗎？到最後會只用大項來分類，例如所有的 Technic 系列部件放在一起儲存，或者所有的平滑磚都放在一起。中等程度的樂高迷很適合使用「種類」來分類。

等到你進階變成真正的樂高達人，或者像我這樣靠著幫人搭建樂高模型為生，那你需要一種分類的好方法。我的工作室裡有無法計數的樂高磚，應該有好幾百萬個吧，我也沒數過。職業樂高達人常合併使用「顏色」和「形狀」這兩種分類法，這樣一方面比較容易找到「就是那一個」，另一方面也容易立刻匯集所有的灰色（或其他顏色）部件。

每個樂高迷都會有最適合自己的分類方法。而我自己在工作室裡同時採用兩套分類法，以下是我的運作方式：

在作品的規劃階段，對我最重要的是每塊磚之間的搭接方法。因此，我的工作室四面牆壁都是小型的抽屜或收納盒（就像五金行在收納不同螺絲）。盒子裡面又依照形狀（而不是顏色）來放置不同的部件。意思是說，若我想要瞭解一下某塊磚和另一塊磚之間的接合緊密度，就可以很快找到答案。此時顏色對我不重要，因為我還在研發階段，現在只想知道我研發中的作品能不能搭接起來。

等到我實際動手製作一個超大模型的時候，這時就很需要正確的顏色和正確的形狀。此時就要動用我的主要分類系統：依照顏色、依照形狀。在

這個階段我主要先從顏色開始，例如先找出一個綠色區域，一個藍色區域等等。不同形狀的樂高磚各自歸屬在每個顏色的區域裡。為了避免我辛苦找出來的樂高磚又混到其他的區域，我會把每個部件或每個顏色的組合先放入夾鏈袋裡面。

所以，假設我現在要快速製作一個紅色的作品，那麼我需要的一切部件都可讓我伸手就拿得到。如果我要製作一個超大型作品，我也可以從「形狀」的夾鏈袋裡面找到我需要的部件，或者甚至把整個收納白色部件的大收納盒都搬出來。

萬事起頭難。如果你的樂高磚真的很多，那最難的就是「開始分類」了。

線上資源

全球各地的樂高粉絲，無分年齡，共同組成了多元又活潑的大規模樂高社區，有的時候是線上交換意見，有的時候還有網聚。如果你看過我的《樂高玩世界：用樂高積木打造全世界地標名景》和其他書，那麼你也該考慮加入這個大家庭了。

樂高留言板

大部分樂高粉絲都是透過 community.LEGO.com 這個網站上的留言板（LEGO Message Board），完成人生初次的跨國粉絲交流活動。這個留言板是由樂高集團所經營的官方論壇，任何人都可以加入，可是需要先向樂高集團申請一個樂高 ID，畢竟這是樂高的官方論壇。幸好，這個 ID 是免費的，註冊也很簡單。

使用樂高留言板的時候要知道一件事：版上發表的言論都是經過版主調控過的。樂高官方並沒有限制使用者的年齡，所以為了確保裡面的內容適當且適於所有年紀的人閱讀，所有的發言都會經過官版人士審閱後才發表。雖然如此，版上的發言還是很踴躍，討論也很活潑。任何時間都有大約五萬人左右在這個留言板上面發言。

樂高官方社交平台

樂高官方的社交平台叫 ReBrick（rebrick.LEGO.com），它的主要目標群眾是青少年以上的樂高粉絲，內容呈現了全球樂高粉絲們驚人的創造力。

ReBrick 的設計原意，並不是為了要儲存照片、影像或連結，而是提供樂高迷一個「將所有內容的連結標示在一起」的功能。如果你使用過 Delicious、Pinterest、reddit、Digg 等網站的話，則你對 ReBrick 一定不會陌生。如果你沒用過上述這些網站，那麼只要把 ReBrick 想像成是「一大堆的連結，每個連結都可以連到好棒的樂高內容」即可。

在 ReBrick 上面，不會有任何的官方組套產品照片，也沒有官方的促銷方案。因為這個社交網站的本旨是以推廣「粉絲自己的創作」為中心，也就是將你、我等樂高粉絲的作品加以分享。

樂高 CUUSOO

你是否曾經想過：若我有個好點子（例如想出一套很好的模型），可以用樂高做出來，然後放在店裡賣，這樣有多好呢！如果你這樣想過，那麼「樂高 CUUSOO（lego.cuusoo.com）」網站就是你該去的地方。這是個群眾募資網站，在本質很接近 Kickstarter 或者 Indiegogo，秉持的基本觀念是：如果一個點子獲得許多人的支持，那麼我們就應該讓這個點子成真。

你可以把你的原創點子遞交給樂高 CUUSOO 網站，點子的內容並不一定要源自於樂高，甚至也不必是一個百分之百完整的點子，重點是，你的點子必須夠酷，夠吸睛。你將原創點子遞交給樂高 CUUSOO 之後，接下來的推廣工作，就全靠你自己了。

如果你想把你的點子用樂高做出來，前提是要在樂高 CUUSOO 網站上獲得一萬個支持者的贊同（投票支持你）。通過這一關之後，樂高 CUUSOO 的工作人員每年會舉辦四次選秀大會，決定將哪個點子化成真正的樂高產品。到目前為止，已有四個人的點子最後獲選成為樂高商業產品對外發行，還有許多件作品正在評估是否發行。既然這樣，

你還等什麼？快點行動吧。

粉絲網站 REBRICKABLE

樂高集團擁有好幾個網站，不過在樂高粉絲的世界裡，你可以選擇更多、更豐富的內容。Rebrickable（rebrickable.com）是一個粉絲網站，目標是為全球樂高粉絲迷解決一個共同的大問題：我想堆疊某件作品，但我怎麼知道我的樂高磚夠不夠？

在 Rebrickable 這個網站裡，可以讓你瀏覽一系列各式各樣的樂高作品，每件作品之下還詳細列出各部件所需要的數量。此外還有個清單，裡面都是樂高組套產品，你可以選取你已經擁有的產品，接著 Rebrickable 這個網站就可以告訴你：從你現有的樂高磚，還可以做出哪些東西。

Rebrickable 是一個絕佳的範例，說明了全球樂高粉絲在整合各種科技之後，能創造出什麼效果。Rebrickable 網站先將 L 繪圖系統上的立體電腦輔助設計檔案加以拆解，然後與線上市集 bricklink.com 取得的資訊結合起來，結果就是一個全新的方法，讓樂高迷自己決定要搭建什麼作品。

部落格與粉絲網站

每一天都有新的樂高部落格或粉絲網站上線。有些是由粉絲自己所經營的（例如我的warrenelsmore.com），有些則是匯集了好幾千個粉絲的作品（例如 brickshelf.com）。此外，還有各種各樣的網站、討論區等等。

在這麼多令人眼花繚亂的網上資訊裡，到底該從哪裡看起？以下幾個我常去的網站，應該是很棒的起始點。首先是 brickset.com，它自稱是「全球樂高粉絲最佳線上資源」。這個說法不能說它錯，但這個網站的功能應該不止於此：它針對史上曾經生產出來的所有樂高組套產品，蒐集了最廣大、最詳盡的資料庫。你也可以在這個網站上記錄你自己的樂高收藏。此外，它還有最新的樂高新聞、新產品試用心得、活力無窮的論壇等。

另一個 eurobricks.com 的根據地在歐洲，不過它的使用者遍佈全球。它的群眾基礎是一個線上論壇（會員人數非常多），網站上且呈現成員們的作品與新產品的介紹。它另一個特點，就是由會員上傳的新品試用心得，而且這些心得的品質之優秀，甚至成立了專屬「學院」，教導後進如何撰寫心得。

還有一個我常去的網站是 The Brothers Brick（www.brothers-brick.com）。這個網站的重點在於分享各地樂高迷的經典極品創作，且這些創作真的是「極品」，任何人獲選將自己作品於這個網站上分享的話，那真是會感到很光榮的！

臉書、YouTube、Flickr 等等

雖然世界上有很多專門的樂高網站，線上的樂高內容並不僅止於此。不管你常用的是臉書、Twitter、YouTube 還是 Flickr，你都能在上面找到豐富的樂高資訊。只要搜尋「樂高（或 LEGO）」即可！

出發了

地面纜車

雖然許多都市裡都有纜車,包括紐約、但尼丁(紐西蘭)、墨爾本、雪梨等,不過世人之所以會熟悉這種纜車,都要感謝舊金山市。它的牽引動力,就是裝設在市區地底下、持續滾動的驅動輪以及纜索,而車廂底下則裝設著「纜扣(有人稱夾鉗)」,讓駕駛用槓桿(人力)來操作。前進時,駕駛操縱槓桿「扣住」運作中的纜索,整個纜車就被地底的纜索拉著前進。停車時,只要鬆開纜扣即可。可惜的是,地面纜車並不是常見的交通工具,因為它的維護太貴了。不過,所有的觀光客都很喜歡它。

纜車車廂

舊金山的人力操控纜車系統最早出現在一八七三年,當時鋪設的纜索當中,有三條到今天仍在營運。纜車路線的命名,是依據纜車行經的街道來決定的。鮑威爾街、梅森街、海德街上的纜車朝單向前進,到了終點進入迴轉盤,由人力推動來掉轉方向。加里福尼亞街的纜車則上上下下雙向運行。觀光客很喜歡去纜車博物館參觀,也很喜歡參與聯邦廣場每年七月舉辦的年度纜車鈴鐺競賽。

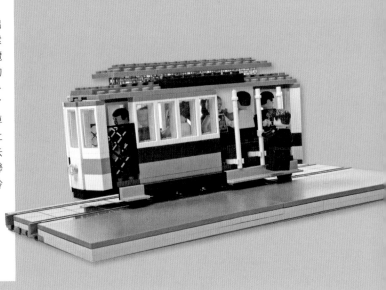

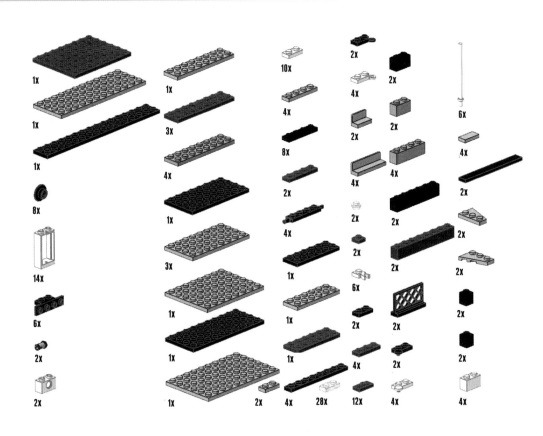

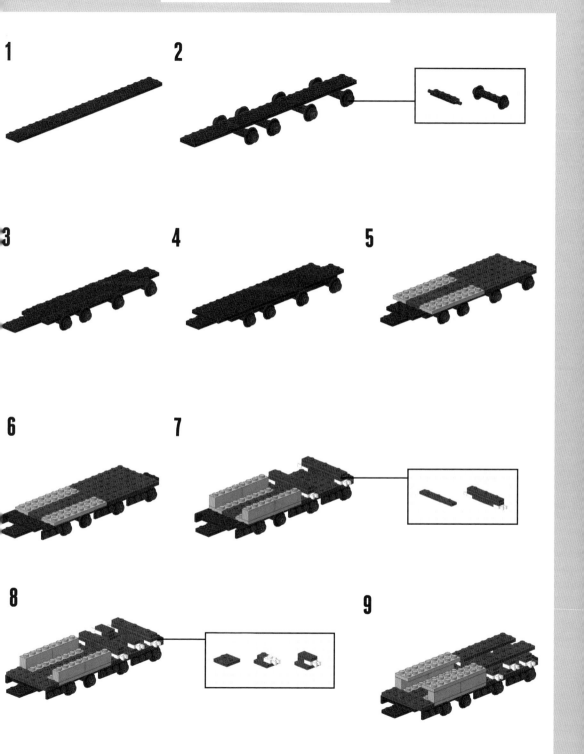

1

2

3

4

5

6

7

8

9

10

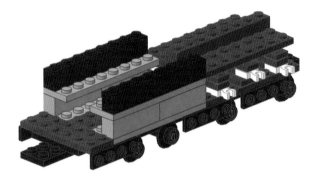

11

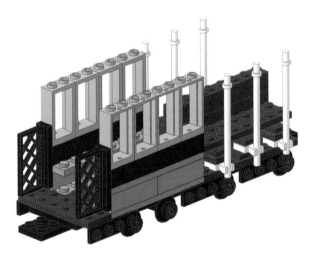

12

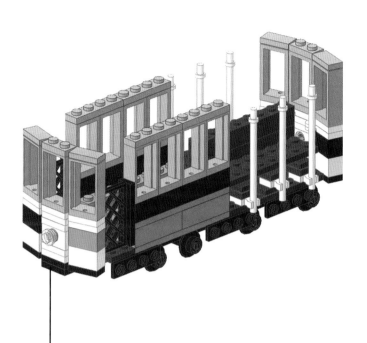

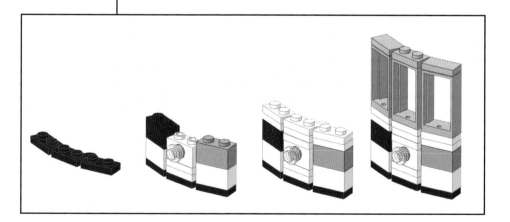

13

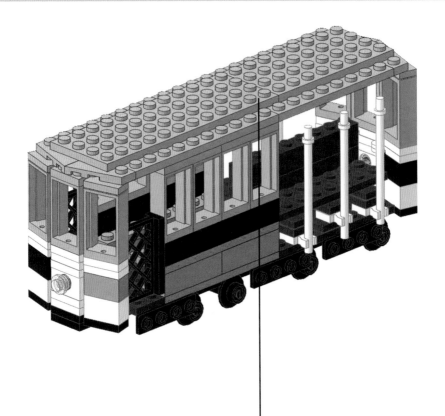

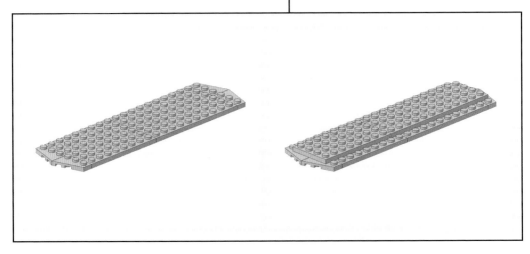

14

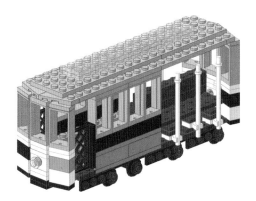

15

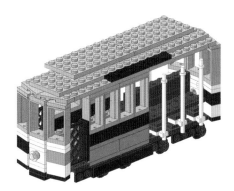

16

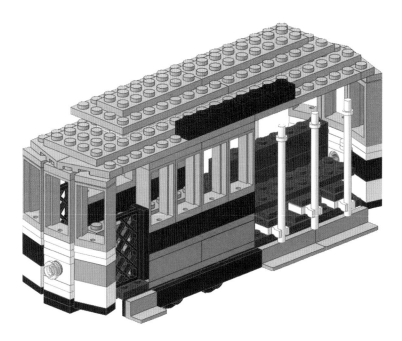

羅馬戰車

馬車至少在西元前兩千年就已經出現，是一種快捷的交通工具。通常與戰爭或競賽聯想在一起，本身結構很簡單：一塊可站立的區域、一位負責保護車手的警衛、以及套馬用的車軛。然而到了西元一世紀時，就很少用於戰場上，不過至少到西元六世紀為止，馬車競速仍然很受歡迎。一九五九年的電影《賓漢》奠定了馬車名垂不朽的地位。這部模型就是模仿電影裡的馬車而建。

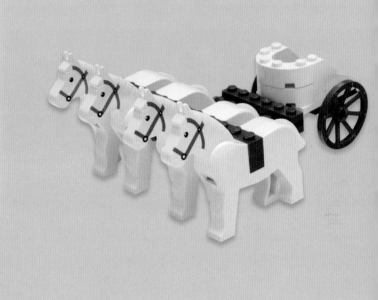

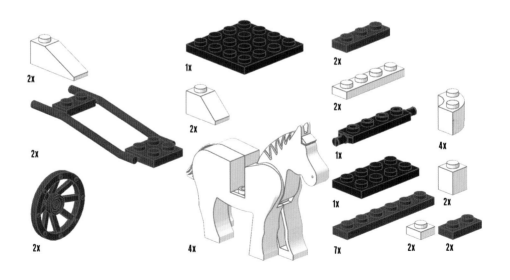

1

2

3

4

5

6

43

聯合收割機

聯合收割機是農場上最大型的機械
之一，為近代農業的必備器具。機
器的名字源自於它結合了三種工作：
收割（割下並收集穀物）、脫穀（取
出穀物可食用的部分）及篩穀（把
稻米跟穀殼分開）。新式的聯合收
割機（像是這台）因為實在太大，
因此當在田間移動時，通常會先拿
掉前端的收割台。

人力車

人力車源自日本，在十八世紀後期的近代才登場。在有輪交通工具的禁令解除後，人力車迅速取代了轎子（由兩人或更多人抬起一張有頂的椅子）。人力車只需一名轎夫，比轎子還受歡迎，很快成為亞洲各地常見的景象。不過現在人力車已經不再那麼普遍，幾乎都被配有腳踏輪或是摩托引擎的「嘟嘟車」給取代。至少對駕駛員來說比較輕鬆！

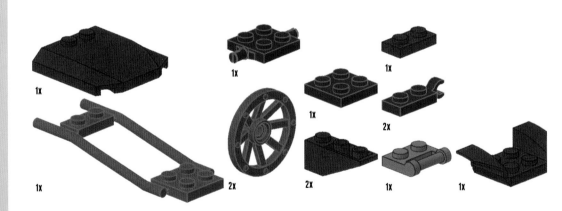

1x   1x   1x

1x   1x   2x

1x   2x   2x   1x   1x

1

2

3

4

5

6

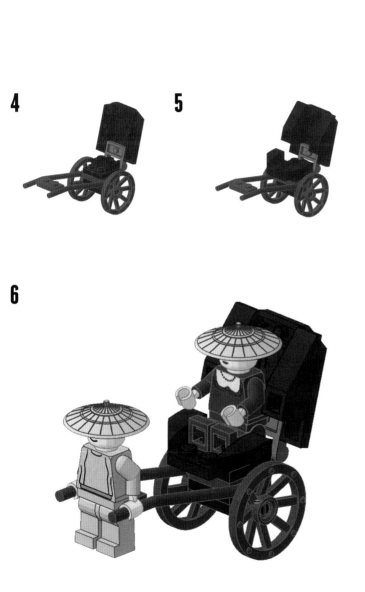

大小銅板腳踏車

一八七〇年，英國科芬特里市

大小銅板並不是史上第一台自行車，不過它絕對是辨識度最高的單車之一。前輪大的腳踏車可以在平路上騎得飛快。車子本身沒有任何齒輪，跟較早問世的舊式小型自行車相比，大的前輪轉得更遠。大小銅板的名字源自於兩輪的尺寸差異，代表兩個十進位貨幣制前的硬幣：大的「便士」及小的「法尋」（四分之一便士），流行於十九世紀中期的英國。然而，一直到這款車型幾乎已過時後，它才被稱作「大小銅板」；維多利亞時期的人們只叫它「腳踏車」。

馬車

不管是遊覽紐約中央公園，或是從婚禮儀式前往派對現場，還有比搭馬車更好的方法嗎？馬車是種古老的運輸工具，現在則變得時髦又新穎。儘管大多數的旅途都已被汽車取代，搭馬車四處逛逛仍是個浪漫的方式。展示在這裡的是一台白色馬車，想像樂高新郎與新娘已經完成了婚禮誓言，準備要搭上馬車前往婚宴派對了！

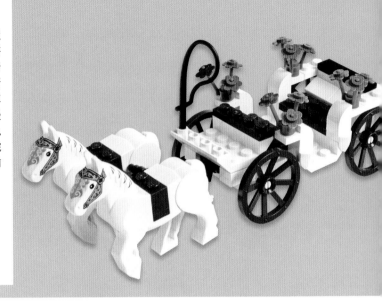

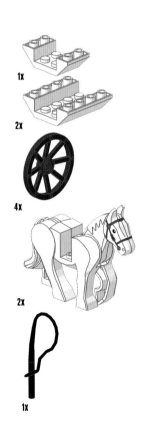

1x

2x

4x

2x

1x

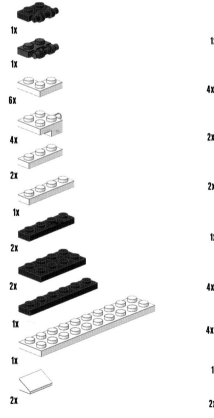

1x

1x

6x

4x

2x

1x

2x

2x

1x

1x

2x

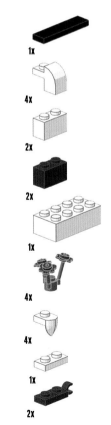

1x

4x

2x

2x

1x

4x

4x

1x

2x

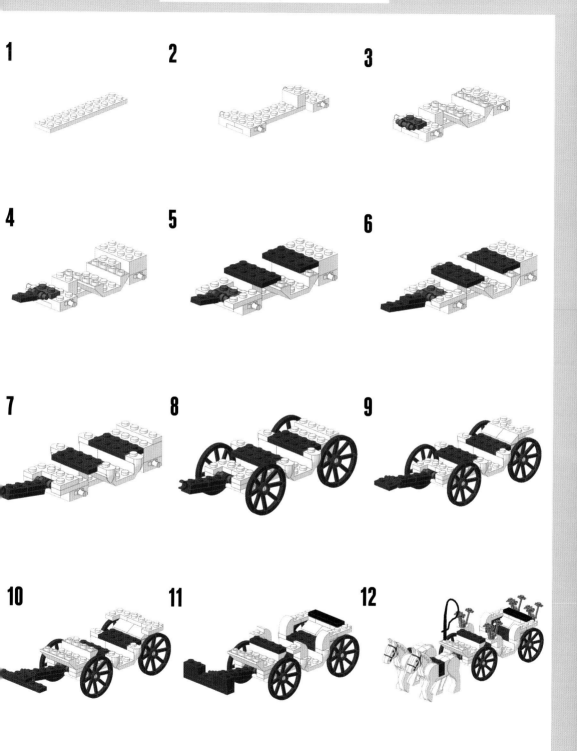

摩托車的邊車

摩托車的邊車歷史幾乎就跟摩托車本身一樣悠久。事實上，摩托車一開始是以邊車的形式登場的！有了邊車，便可以輕鬆地只用一具引擎就載兩個人——事實上，捷豹汽車（Jaguar）剛成立時是邊車製造商！車子因為有三個輪子而提高了穩定度，也能載更重的東西。近代的邊車運用在武裝部隊、醫療單位甚至是殯儀車。

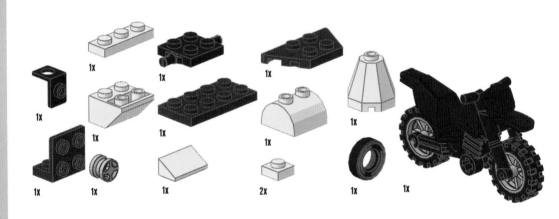

1

2

3

4

5

6

7

福特 T 型車

一九〇八年，美國底特律

聽說亨利 · 福特認為他的車子「只
要是黑的，什麼顏色都沒關係」。
但事實上 T 型車的原型有多種顏
色供挑選，車子自此之後也漆成五
花八門的顏色。我們的樂高模型
是依據一台一九二七年的款式而組
成的，原車目前展示於底特律的亨
利 · 福特博物館。

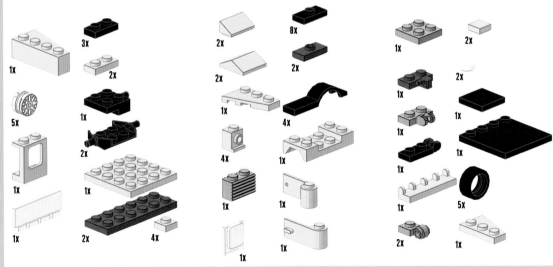

1

2

3

4

5

6

7

8

9

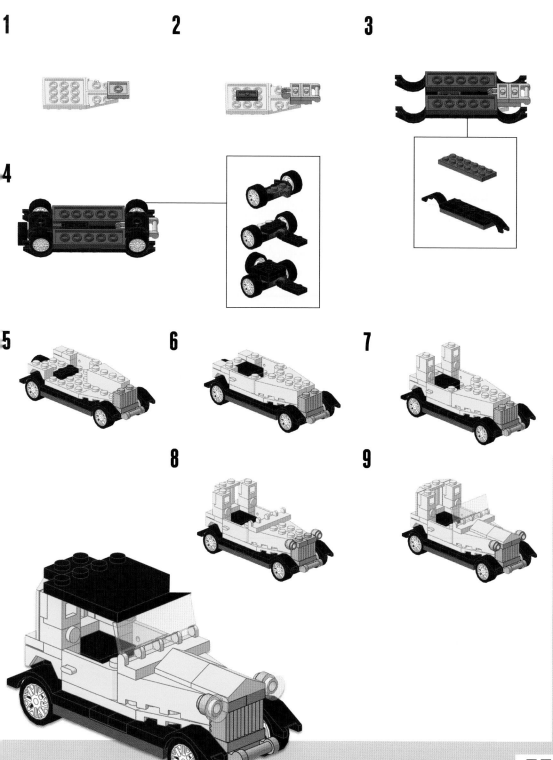

剷雪車

剷雪車是一種特製的卡車，前端有大型活動式的金屬片，可把街上的雪鏟到路旁溝邊。機器後方的大漏斗用來儲存砂礫與岩鹽。可別把車子開得太靠近鏟雪車——那一大堆鹽對車子漆面可沒什麼好處。

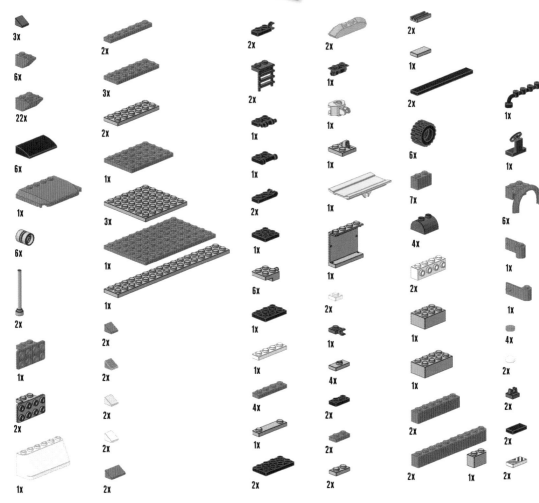

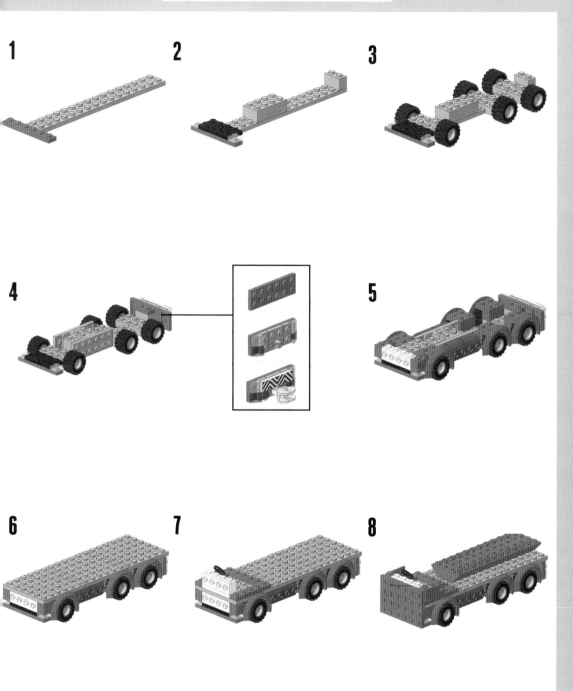

9

10

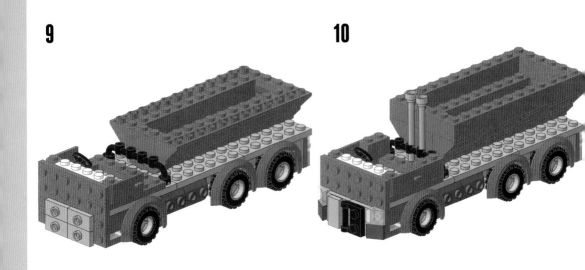

11

12

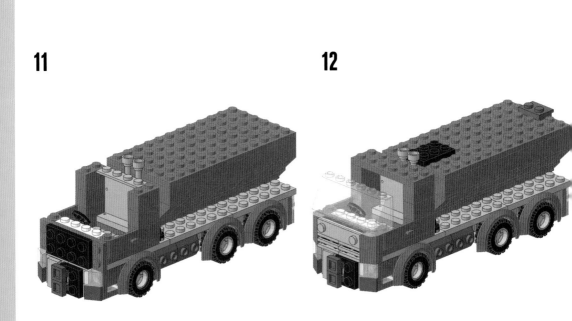

13

14

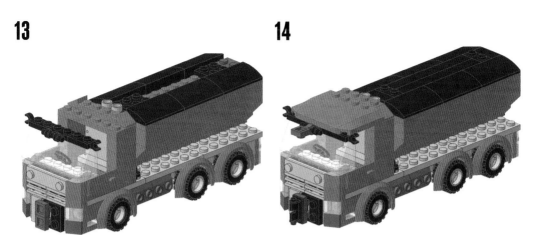

15

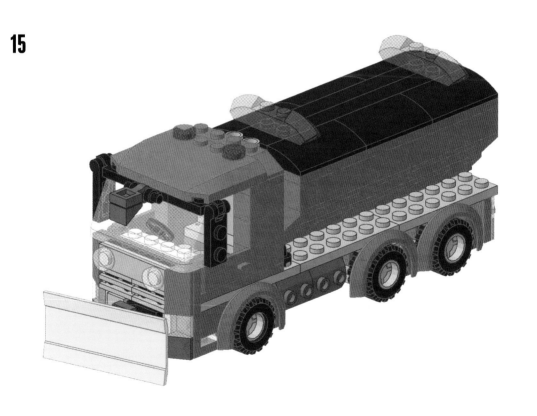

消防車

全球各地的消防車都不同，這一台
是英國版的。消防車不僅要載救火
弟兄與水，也要帶上所有的滅火設
備。事實上，雖然車子本身重達幾
十噸，但最多只能載兩噸左右的水。
車上特別配有一大型消防梯，讓救
火弟兄可到達高樓頂端，或直接拯
救樹上的貓。

曳引機

曳引機是種特殊設計的車輛,在低速時提供高扭力,簡單來說就是具備「拖拉的力量」。雖然曳引機在農場上十分常見,不過在全世界各地的用途很廣泛。農場曳引機的特別之處在於「三點式懸掛裝置」,幾乎全球通用。這項聰明的機械裝置讓不同的拖吊物都能快速地鉤上並脫離曳引機。

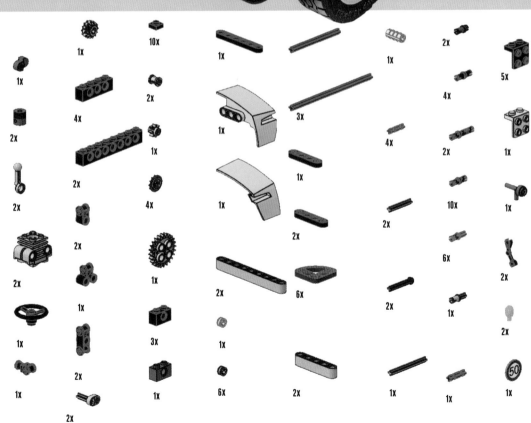

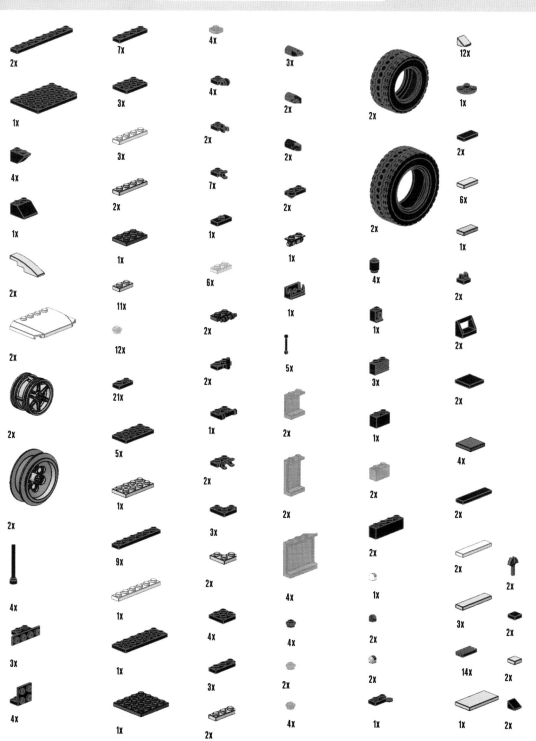

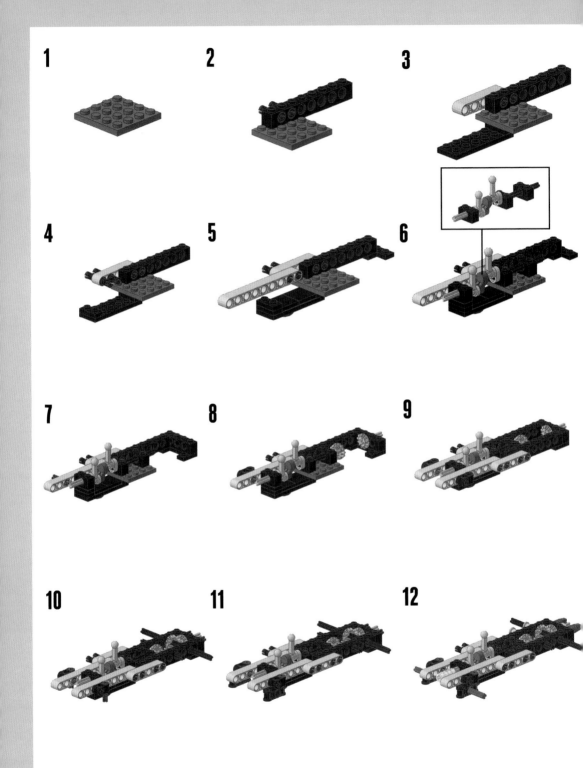

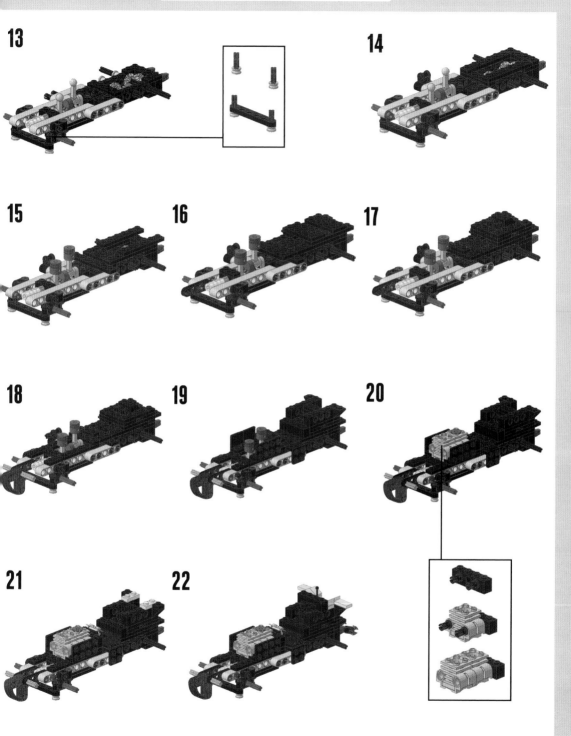

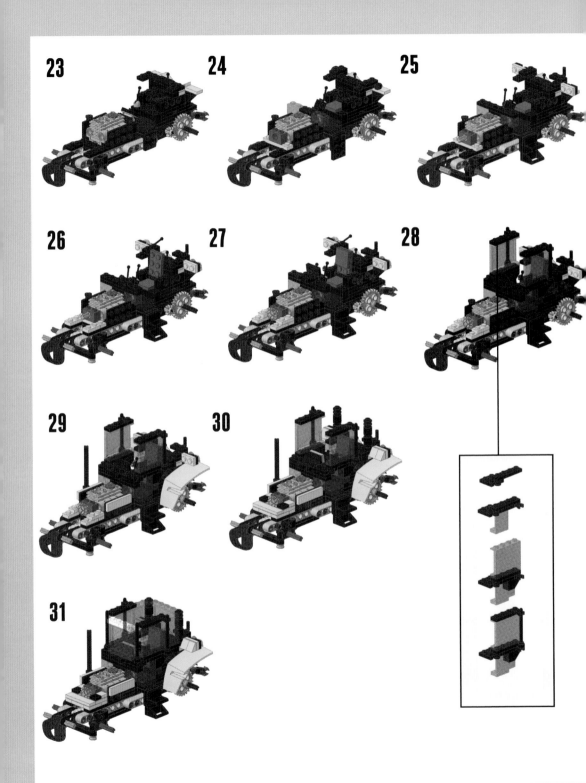

32

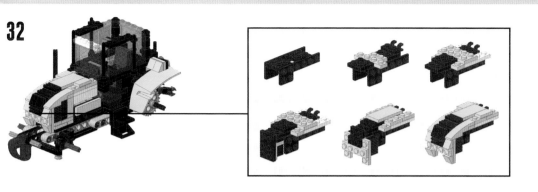

33

34

35

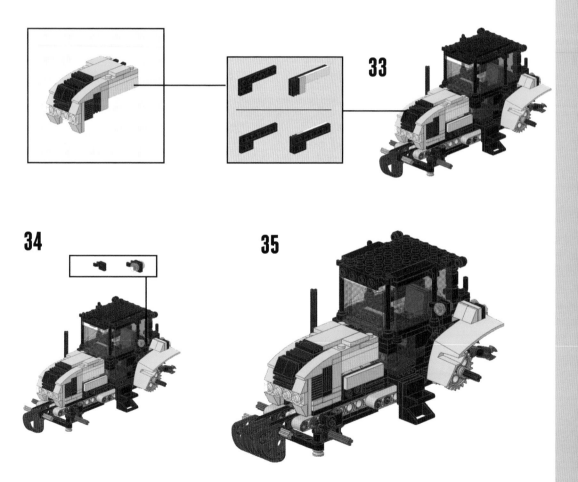

36

37

38

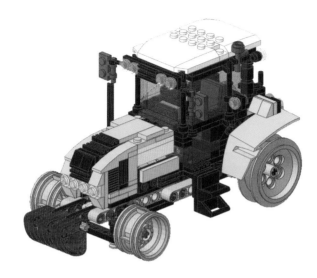

39

雙層巴士

一九五四年，英國倫敦

如果要你想想看巴士長什麼樣子，很快地這個造型便會浮現在腦海中。這一台是倫敦有名的雙層巴士，特地為倫敦設計的，在一九五〇年代後期正式上路。這台巴士展現了最新潮的科技，採用輕量的鋁製車身、動力轉向系統及全自動變速箱。儘管問世至今已超過六十年，在倫敦街頭及全球各地仍可見到雙層巴士的身影，證明了好的設計經得起時間的考驗。

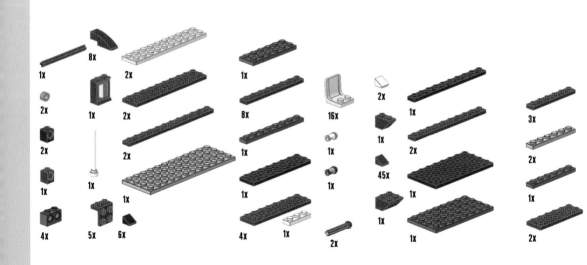

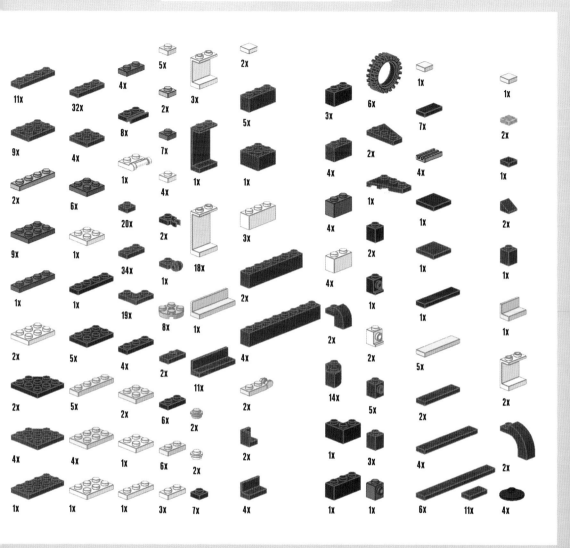

11x 32x 4x 5x 2x 1x 1x
9x 4x 8x 3x 5x 3x 6x 7x 2x
2x 6x 2x 7x 4x 2x 4x 1x
9x 1x 1x 4x 1x 4x 1x
1x 1x 20x 4x 3x 4x 2x 1x 1x
2x 5x 34x 2x 18x 2x 4x 1x 2x
2x 5x 19x 8x 1x 11x 2x 14x 2x 5x 2x
4x 4x 4x 1x 2x 6x 2x 5x 1x 3x 4x 2x
1x 1x 1x 6x 2x 4x 1x 1x 6x 11x 4x
3x 7x

1

2

3

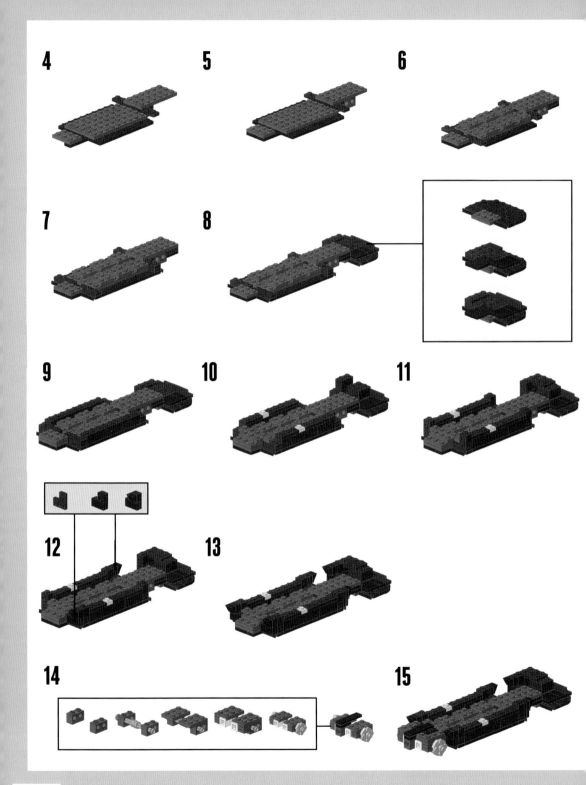

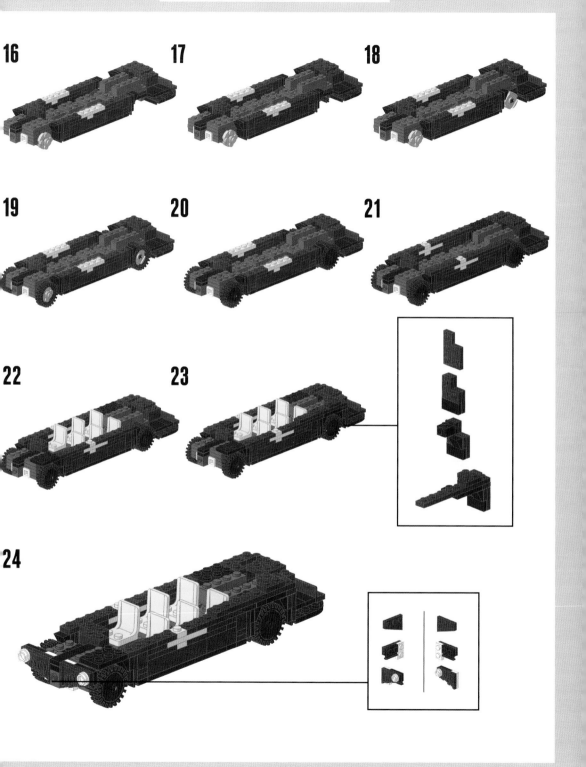

16

17

18

19

20

21

22

23

24

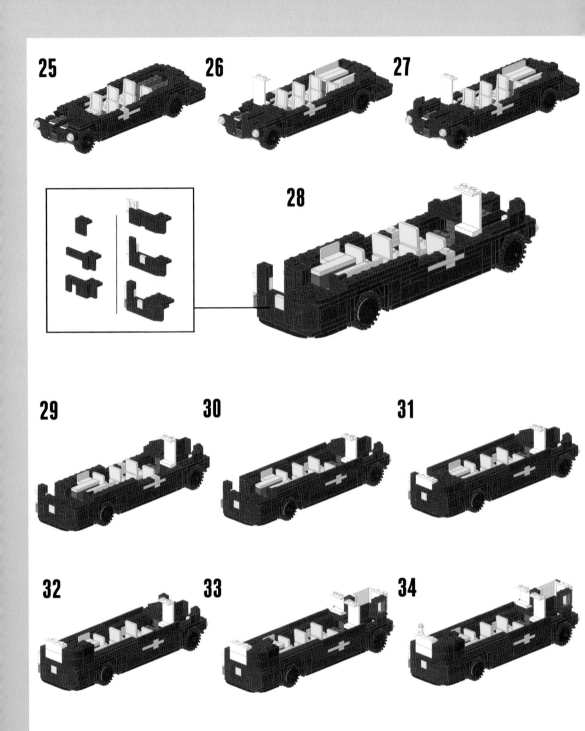

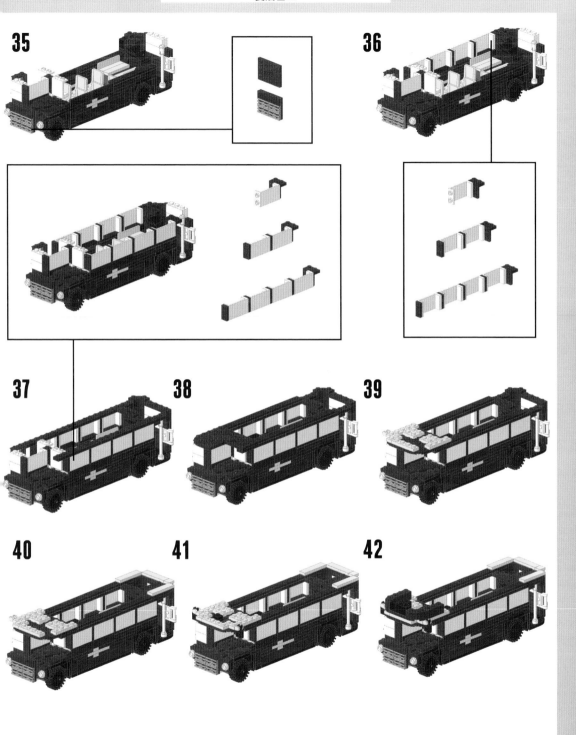

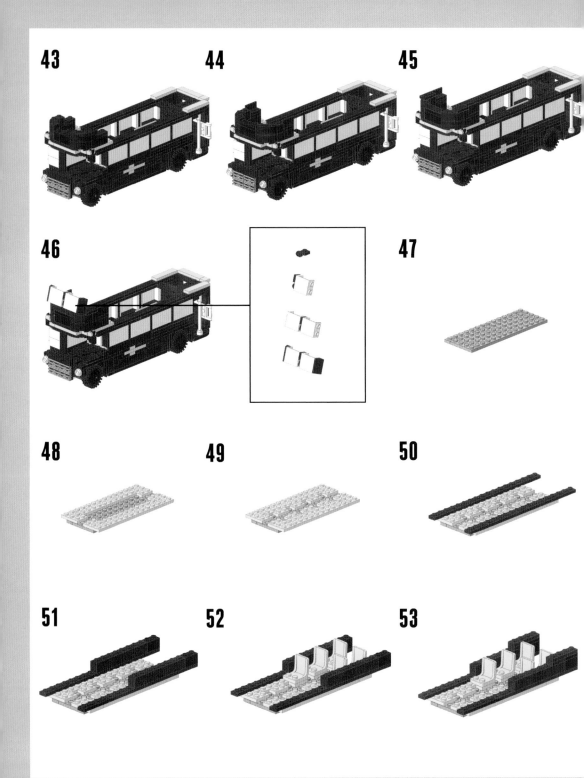

43

44

45

46

47

48

49

50

51

52

53

54

55

56

57

58

59

60

61

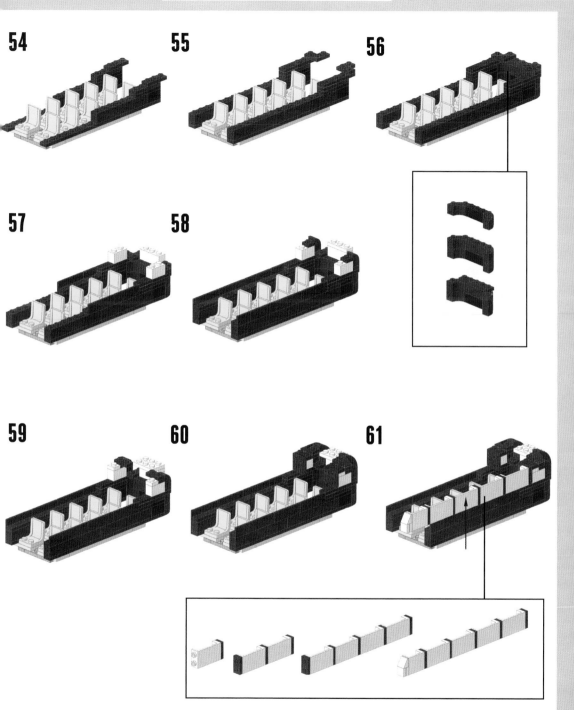

62

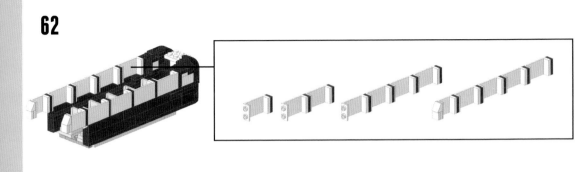

63

64

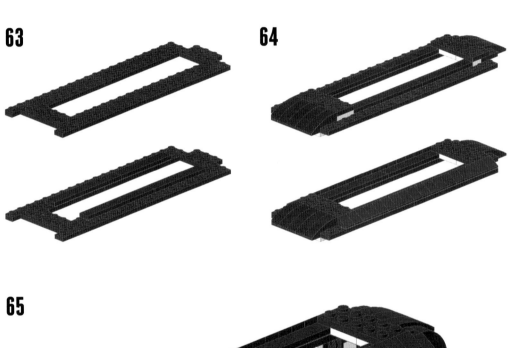

65

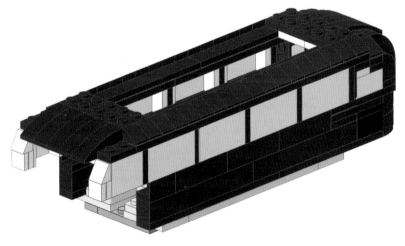

66

67

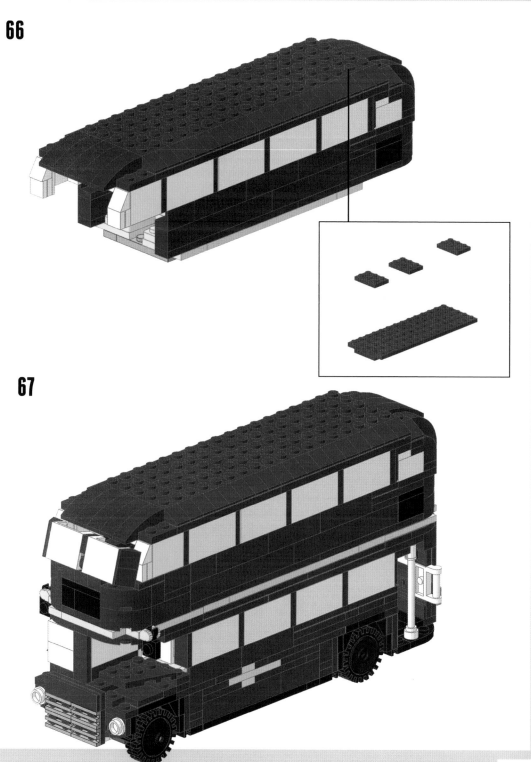

四輪驅動車

如果你要越野探險，會需要一台四輪驅動車，引擎的驅動力能傳遞到四個輪胎上。車上配有一種特殊裝置「差速器」，確保驅動力雖然是傳到四顆車輪上，但輪子能以不同的轉速旋轉。如此一來，當車子轉彎時，內側車輪走的路徑就比外側車輪短。

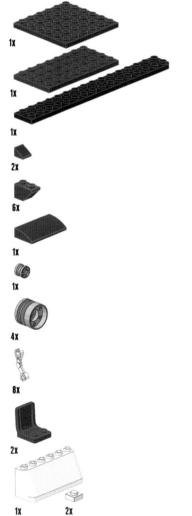

1x

1x

1x

2x

6x

1x

1x

4x

8x

2x

1x   2x

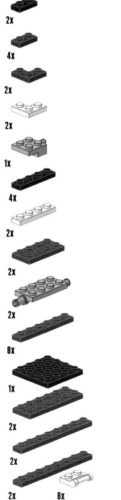

2x

4x

2x

2x

1x

4x

2x

2x

2x

8x

1x

1x

2x

2x

2x   8x

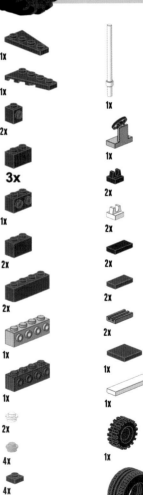

1x

1x

2x

3x

1x

2x

2x

1x

1x

2x

4x

4x

2x

1x

1x

2x

2x

2x

2x

1x

1x

2x

4x

1x

4x

1x

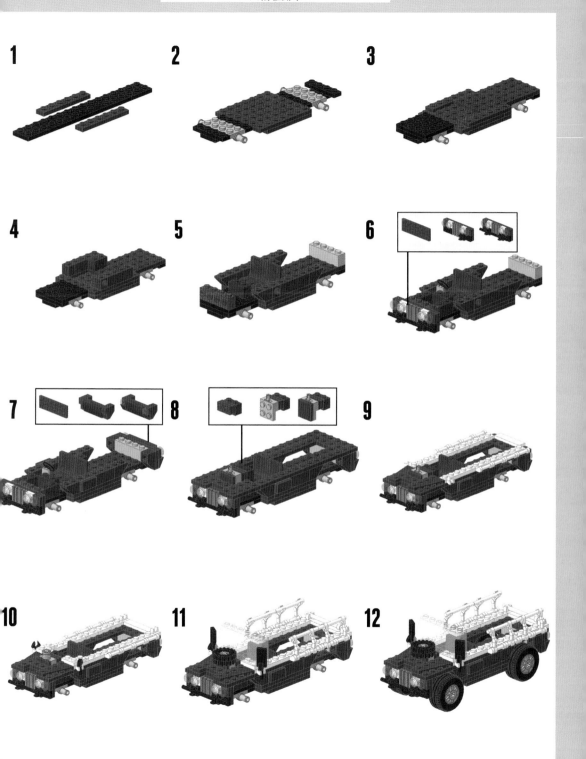

吉普汽車是最知名的四輪驅動車品牌之一。一九四一年於美國俄亥俄州首產，一開始是二戰期間的軍事車輛，戰後很快在全世界各國民眾間受到廣大歡迎。目前市面上有數家製造商獲得授權，研發各式型號。數十年來吉普汽車也被不同家的大型公司輪流買下。時至今日，軍中持續在用吉普車，也仍是全球最流行的越野車。

校車

你能一眼就認出校車是有原因的。
車子設計（尤其是顏色）受到嚴格
的規範，讓人們無法忽視。安全措
施包含了緊急逃生門、特殊盲點後
視鏡以及側邊升起的「停止」標幟，
以確保安全地將孩子載到學校，更
重要的是，返家。安全至上！

油罐車

雖然有些機場在水泥停機坪底下，裝設了特殊輸油管線，不過大多數的飛機需靠油罐車加油。飛機的燃油儲存在機翼旁，因此把飛機拖到油罐車後方幾步之遠，是最輕鬆的加油方式。只是記得，在燃油加滿前別繫上安全帶。

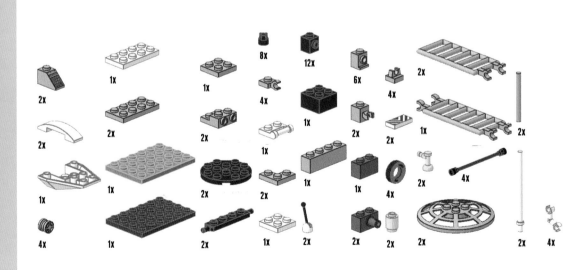

1

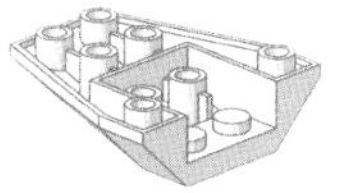

2

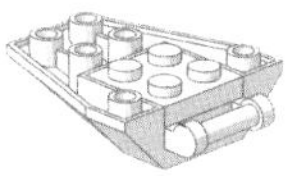

3

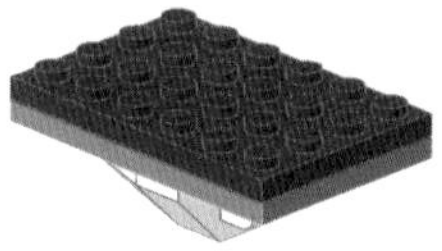

4

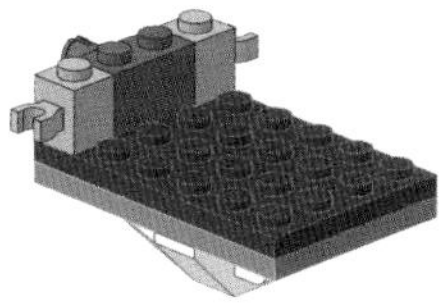

5

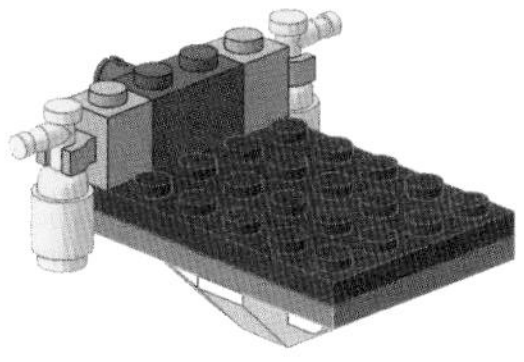

6

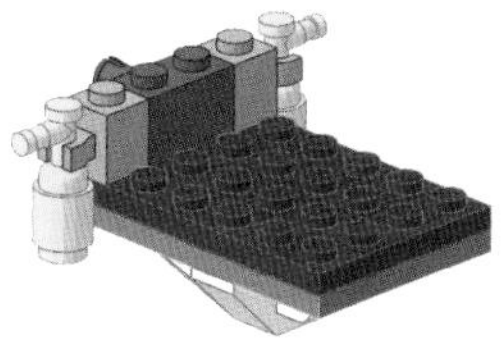

7

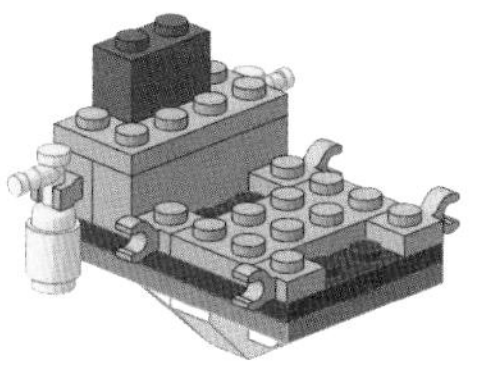

8

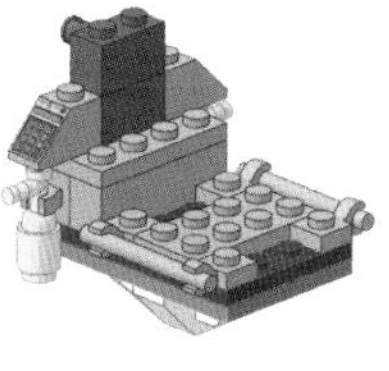

9

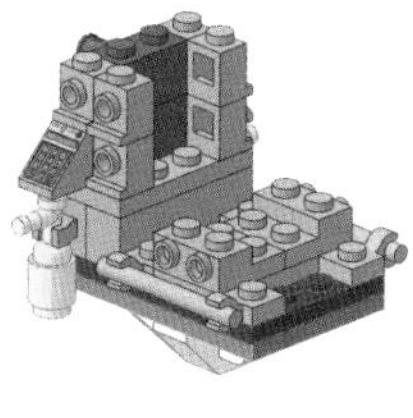

10

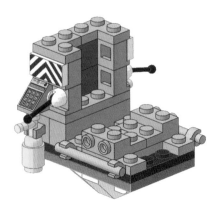

11

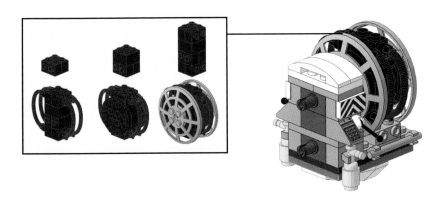

12

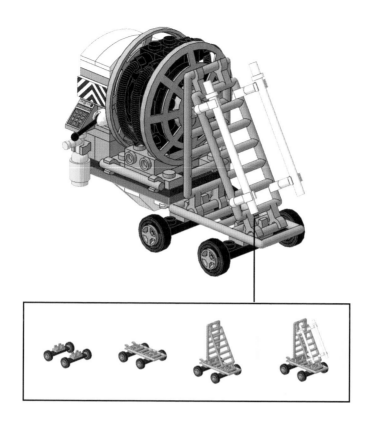

13

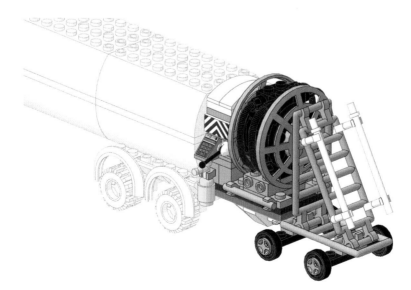

雪鐵龍 2CV

一九四八年，法國巴黎

英國有 MINI，德國有福斯金龜車，法國則有雪鐵龍 2CV，它們是每個人都能擁有的低成本本國民車。2CV 有許多忠實追隨者，讚賞它的獨特風格及簡潔結構設計。在四十年的生產期間，研發了各種型號，包含多款貨車。在一九六○年前，2CV 實在太受歡迎，雪鐵龍幾乎不需要花錢宣傳；車子只要一出廠，便輕鬆售出！一九九○年時，2CV 終於停產，但那時已經生產了三百八十萬台！

偉士牌速克達

一九四六年，義大利佛羅倫斯

偉士牌速克達只由一家公司生產
——義大利的比雅久公司。Vespa
（偉士牌）在義大利語意為「黃
蜂」，如果你曾聽過速克達的聲音，
你就會懂！小型、輕量，在巷弄中
隨意穿梭，速克達在義大利暢行無
阻。義大利至今仍是偉士牌的最大
消費國。這台小摩托車的引擎變速
器直接與後輪連在一起，因此不必
擔心棘手的鏈條。英國一九六〇年
代的搖滾運動興盛時，速克達也相
當流行。現在，速克達再度風行，
是種輕鬆遊覽城市的方式。

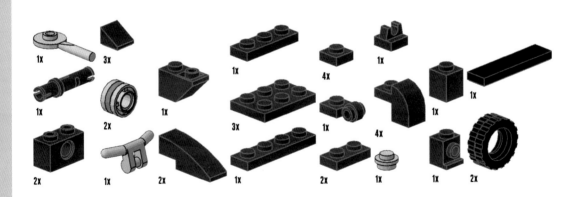

1

2

3

4

5

6

7

8

9

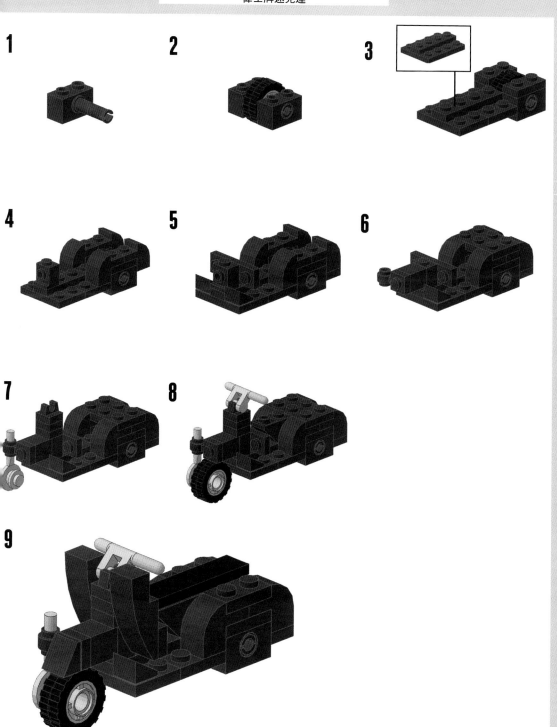

MINI Cooper

一九六一年，英國薩里郡

MINI 是搖擺六〇年代的指標，由亞
歷克 · 伊斯哥尼斯設計，作為小
家庭用車，既省油又省錢。約翰 ·
庫珀則打造了運動款，而這台新的
MINI Cooper 因為良好的動能及操
控力，搖身一變成了拉力車。這台
車在一九六九年電影《大淘金》（二
〇〇三年重拍，名為《偷天換日》）
也出盡風頭。這裡的模型是豆豆先
生知名的綠色 MINI，他本人則坐在
車頂。MINI 原型一直到二〇〇〇年
才停產，BMW 汽車新老闆在這年
推出新的 MINI，也就是目前市面上
銷售的款式。

挖土機

挖土機在英國被稱為 JCB®，在美國跟其他地方則稱為 backhoe。原因嗎？就像胡佛牌（吸塵器廠牌名，也可指「吸塵器」這項產品）一樣，JCB® 公司是第一家將這台萬用機械引進英國的公司，從此便這麼稱呼了。可彈性升降的挖斗讓 JCB® 可輕鬆地挖掘溝渠；而移除挖斗後，機器則變成一台小型起重機、鑽孔機、液壓破壞機等等。JCB® 公司甚至培養了一個「挖土機舞蹈團」，操作他們的複雜機器來表演整齊劃一的舞蹈動作！

聯結車

在大部分的公路上都可看到聯結車的身影。為了達到最大的靈活度，這些車子由兩個部分組成：車頭的駕駛室跟後段的掛車。中段彎曲讓車子可穿過窄彎和城市街道。路上隨時都有成千上萬台聯結車在跑，載著填滿當地超市櫃上的商品。不過，聯結車駕駛受到嚴格的規範，他們工作了固定的時數後就必須休息。幸好聯結車的駕駛座後面有個休息區，裡頭還有床呢。

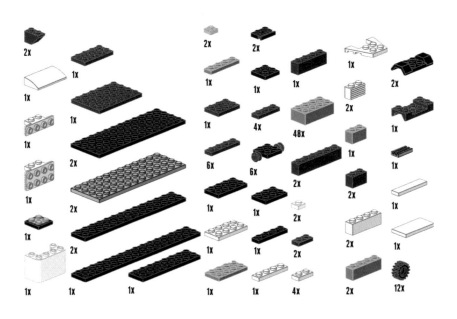

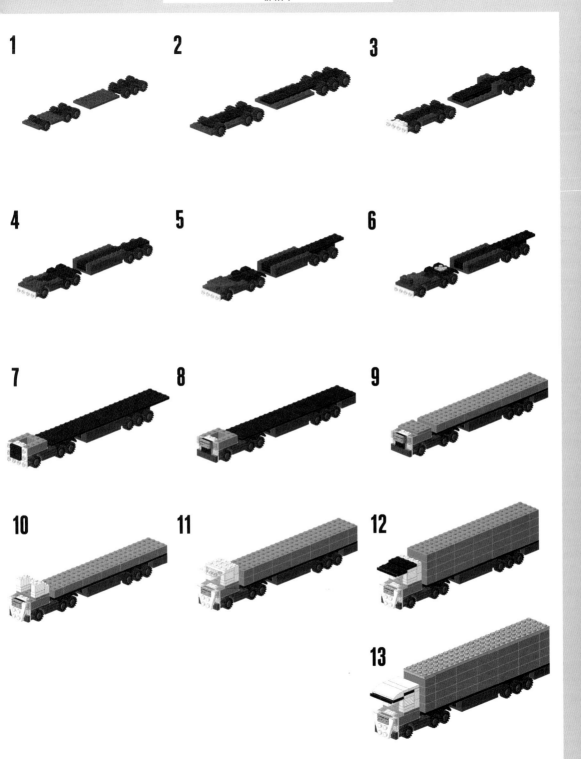

賽車

一級方程式（F1）的參賽車輛只為了一個目的而存在：速度。時速超過三百二十二公里，過彎時賽車手需承受超過五個標準重力的壓力，是項既複雜又危險的運動。一級方程式賽事於一九五〇年開幕，每一年需嚴格遵守的規則（即「方程式」）都不太一樣，因此歷年來演變出各式各樣的車款設計——有些車甚至有六個輪子。絕大多數的主要汽車製造商都曾參與一級方程式賽事，因為極限的賽車情況有助於車廠發展新的材質與技術。這個模型是依據二〇〇七年的法拉利組成的。

1 **2** **3**

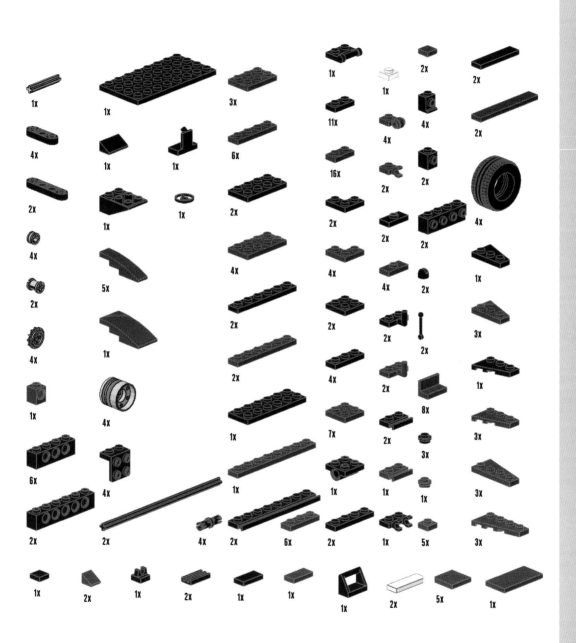

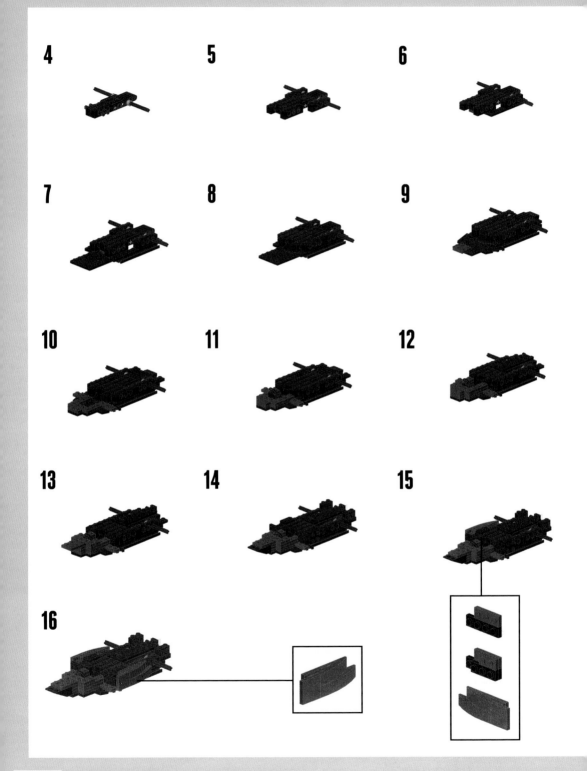

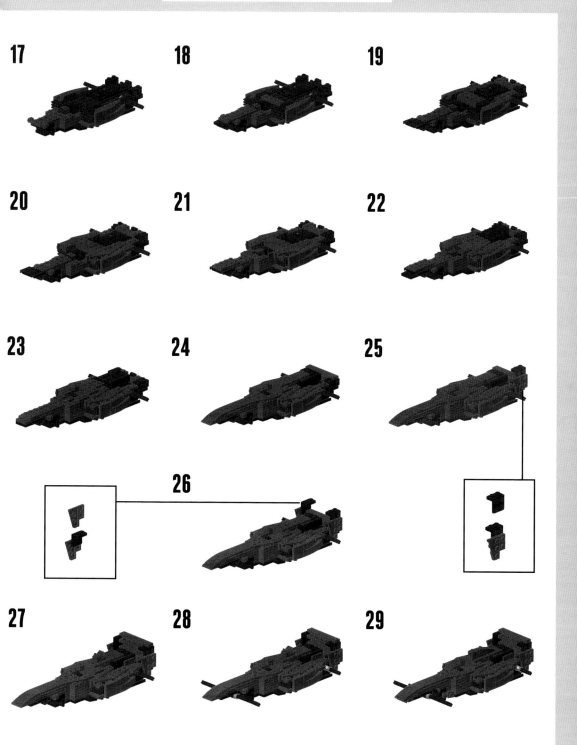

30

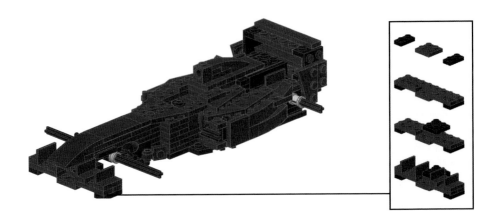

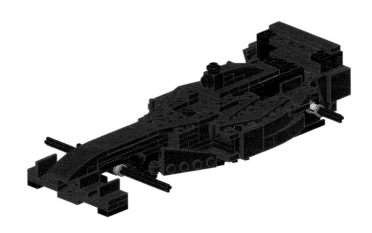

31

32

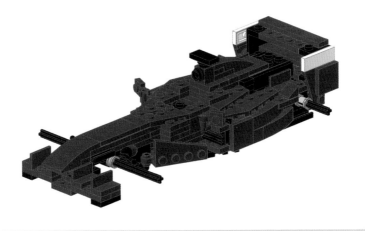

33

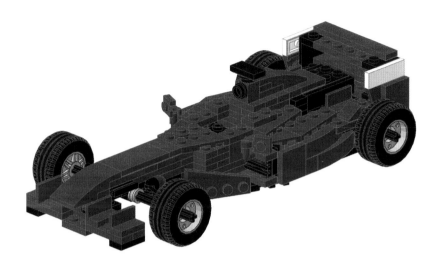

34

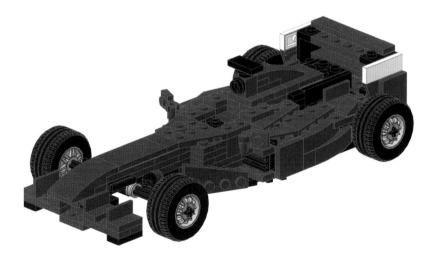

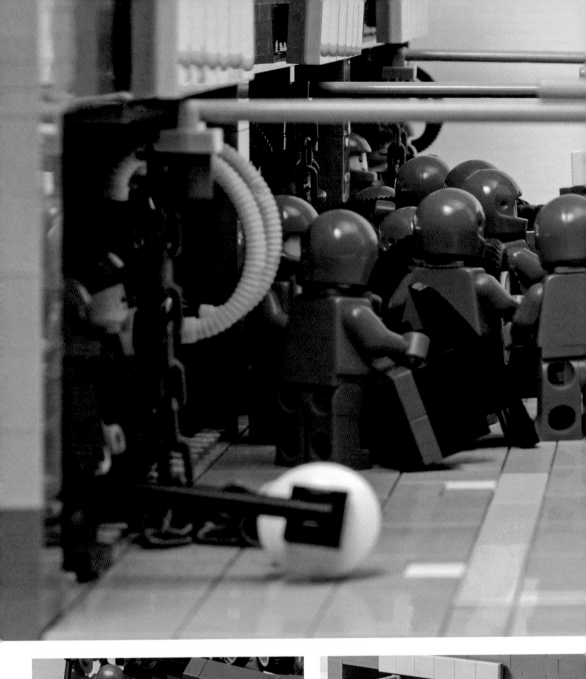

拖車

希望在你出門準備上車時，永遠不會需要它們。但如果你人在路上且已經無計可施時，你最好知道哪裡有拖車能夠解救你。這些卡車的後面配有特殊設計的平台，平台可降到地面高度，接著由一個強力的絞盤把車拉上平台，將車送修。至少換樂高輪胎比換真的輪胎輕鬆多了！

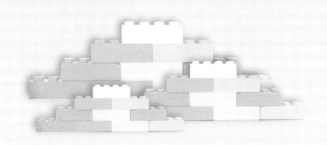

福斯露營車

你知道福斯露營車已經問世超過六十個年頭了嗎？隨著居住地的不同，這台車的名稱也不同，可能是 VW Bus、Kombi、Microbus 或是 Transporter。但不管名稱為何，誰都認得出它來！不管你信不信，這台指標性的車子持續在巴西生產到二〇〇三年為止。這款型號的後繼車型現在仍在量產中，但沒有一款擁有原款式特有的樣式與線條，原款式是在德國福斯狼堡工廠的金龜車產線生產的。它們看起來雖然小小一台，實際上是新世代廂型車！

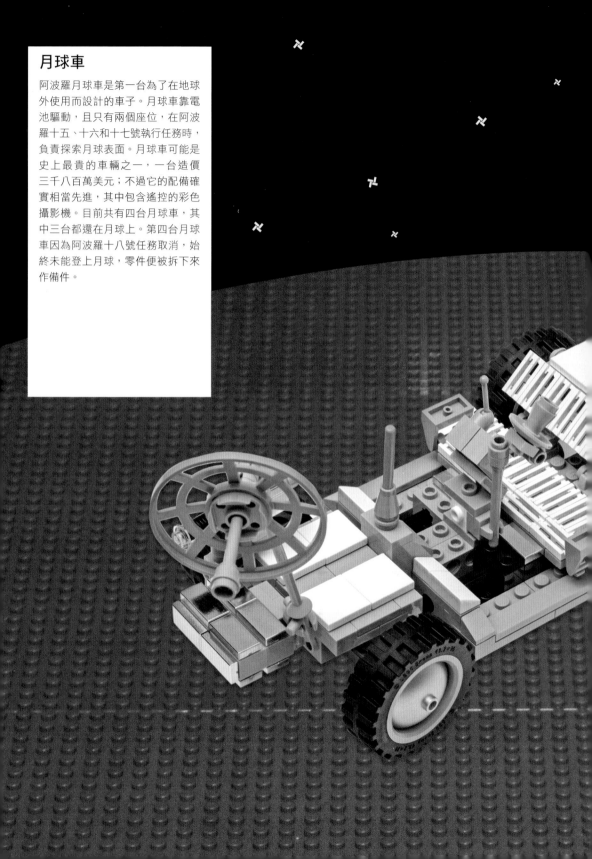

月球車

阿波羅月球車是第一台為了在地球外使用而設計的車子。月球車靠電池驅動，且只有兩個座位，在阿波羅十五、十六和十七號執行任務時，負責探索月球表面。月球車可能是史上最貴的車輛之一，一台造價三千八百萬美元；不過它的配備確實相當先進，其中包含遙控的彩色攝影機。目前共有四台月球車，其中三台都還在月球上。第四台月球車因為阿波羅十八號任務取消，始終未能登上月球，零件便被拆下來作備件。

蒸汽火車

就像這台火車（位於德國風景如畫的諾伊芬鎮）一樣，蒸汽火車有個特別之處：雖然大部分的新式西方大眾交通工具都是用柴油或電力作為動能，蒸汽火車仍對它的乘客有股奇特吸引力。蒸氣火車用煤炭、木材或燃油將水加熱，轉換成蒸氣，推動活塞運作，進而驅動車輪。儘管自二十世紀初期以來，蒸汽火車作為大眾交通工具的比例便已下降，大多數的國家為了遺產鐵路或特別服務，仍將蒸汽火車保存了下來。事實上，蒸氣牽引因為實在太受歡迎了，英國甚至在二○○九年打造了一顆全新的蒸汽引擎。

照片 © 羅納德・法勒杜克
（Ronald Vallenduuk）

蒸汽火車頭

十九世紀，大不列顛

對任何一位樂高鐵道迷來說，蓋這個小蒸汽火車頭應該都很簡單。做這個模型時，我用了幾個特殊零件，以呈現鍋爐與旁邊的駕駛室，其實只要選用手邊的圓形零件即可。你要不要也試看看，幫這輛小火車搭幾節車廂，繞著你跑？

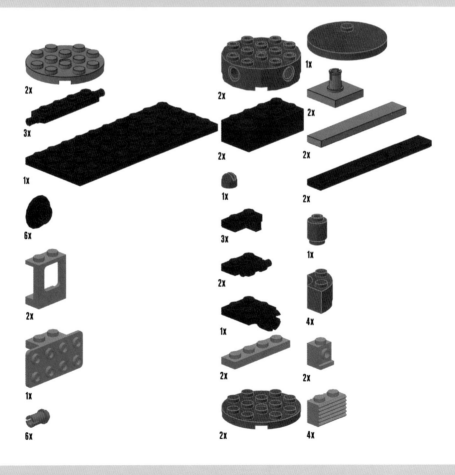

1

2

3

4

5

6

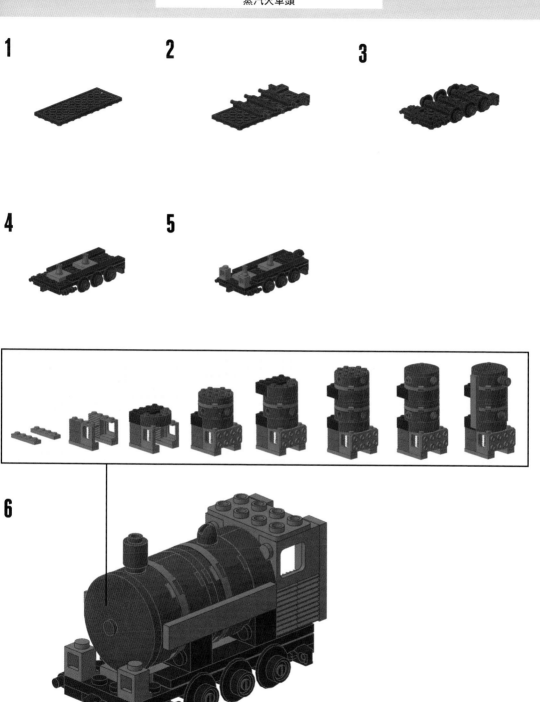

雲霄飛車

如果你想在鐵道上大玩特玩一番，最棒的選擇就是雲霄飛車！看起來可能有點可怕，不過雲霄飛車經過精密設計，以安全為第一守則。否則客人就不會回來了！我們的小雲霄飛車是個很好的例子：兩組輪子包住軌道（模型用的是有彈性的管子），這樣車子才不會脫軌。安全桿則用來確保樂高人偶在過彎時，不會飛出去。抓緊啦！

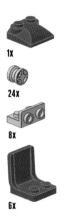
1x

24x

8x

6x

1x

1x

2x

3x

3x

1x

12x

2x

2x

5x

1x

2x

1x

3x

3x

2x

1x

6x

2x

2x

12x

1

2

3

4

5

6

7

8

9

10

11

12

13

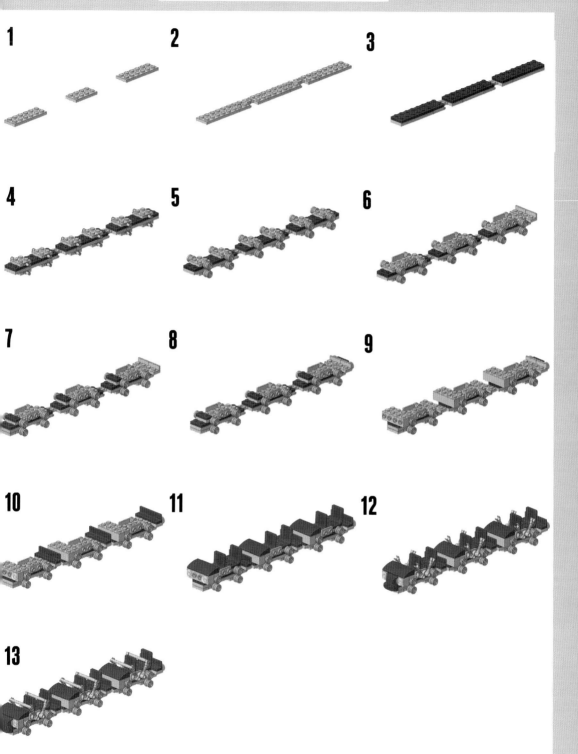

倫敦地鐵

倫敦人將倫敦地鐵暱稱為「管子」，但你知道其實超過一半的「管子」路線都在地面上嗎？地鐵的第一段路線是由私人企業建造，在一八六三年通車，為全世界最古老的地下鐵。這些年來，其他公司各挖隧道來建立自己的地下路線。一直到一九三三年，這些公司整併為一，整合出我們今天看到的路線網。但這條路線網並未就此定型，上一次的大規模路線延伸，是在一九九九年把銀禧線延伸至東倫敦的奧林匹克公園。

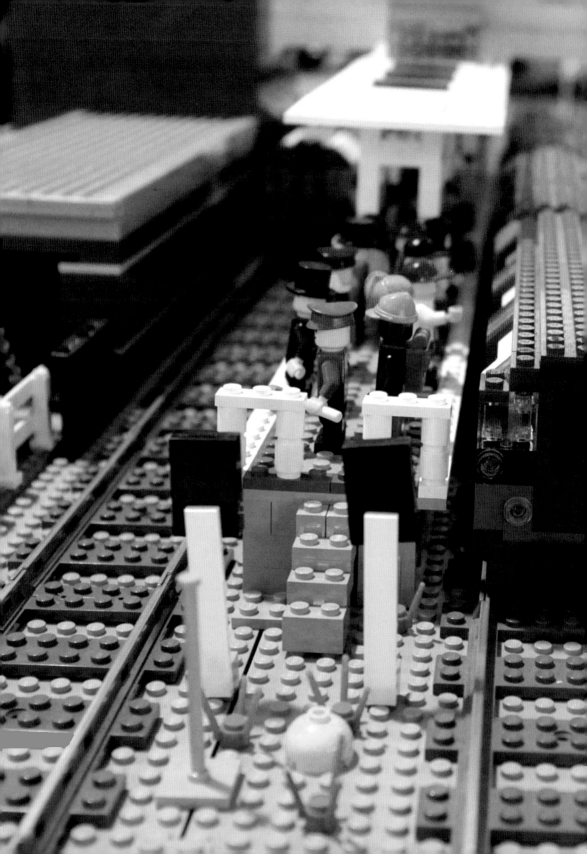

史蒂芬生火箭號

一八二九年，英國泰恩河畔新堡

火箭號並不是史上第一個火車頭，但它的名氣響噹噹！火箭號的設計者是羅伯特・史蒂芬生，附有幾項前所未見的嶄新設計，像是多火管鍋爐，可加快燒水速度，以及一個更有力的引擎。活塞能夠更加水平地運動，並直接驅動輪子。你或許會發現黃色輪子很難找，不過別擔心──棕色輪子也能運作。

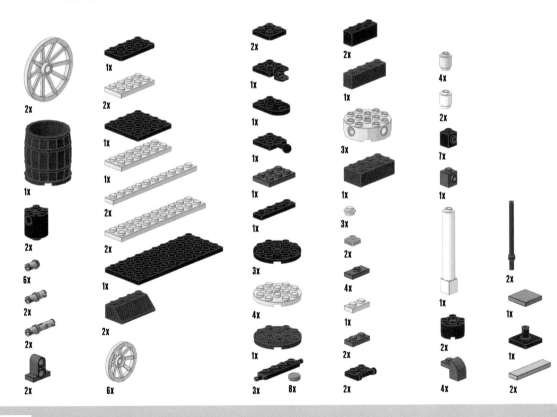

1

2

3

4

5

6

7

8

9

10

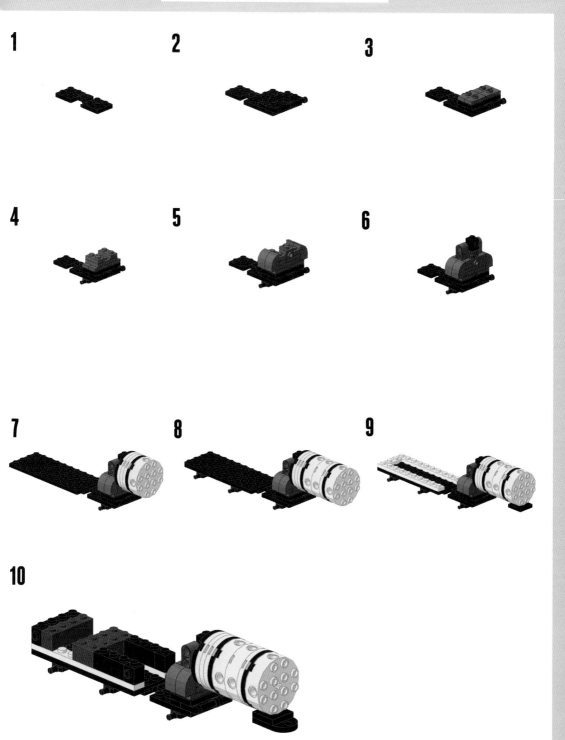

11

12

13

14

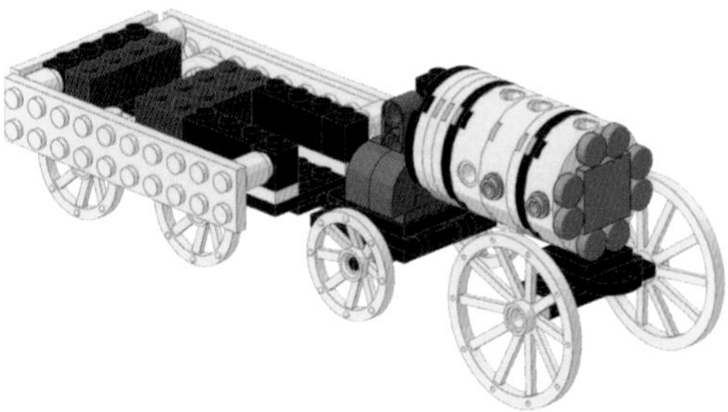

15

16

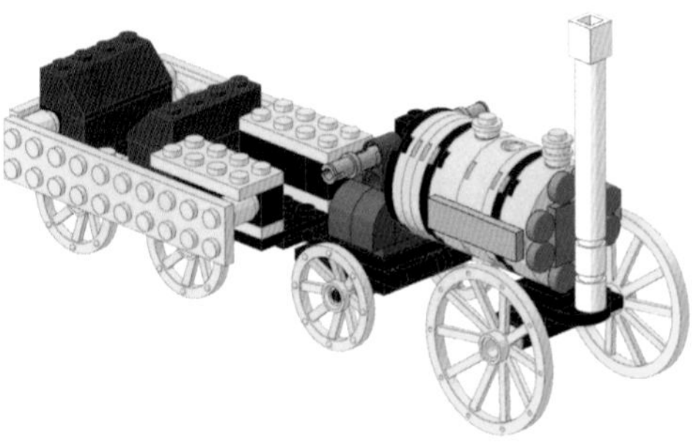

17

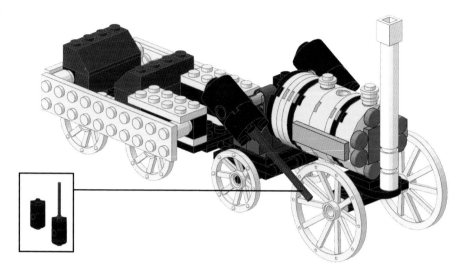

18

纜索鐵道

絕大多數的傳統鐵道系統採用圓滑的輪子，而纜索鐵道的纜車是由電纜線拉動的。事實上，它們大部分有兩個車廂，兩車廂繫在同一條纜線上，彼此抵銷重量。使用電纜線表示纜索鐵道可以在很陡峭的坡道上爬行——目前運行中的最陡路線在澳洲，坡度達五十二％！這裡展示的是葡萄牙里斯本纜索鐵道的模型，它從一八八五年開始運作，在二〇〇二年成為國定古蹟。

9x
4x
4x
16x
1x
8x
19x
2x
8x
4x
2x

2x
12x
17x :
1x
10x
4x
7x
8x
5x
8x
1x
1x
1x
4x
1x

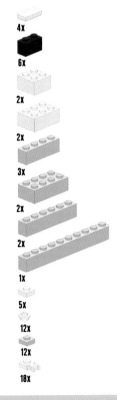

4x
6x
2x
2x
3x
2x
2x
1x
5x
12x
12x
18x

2x
4x
17x
2x
2x
2x
4x
2x
5x

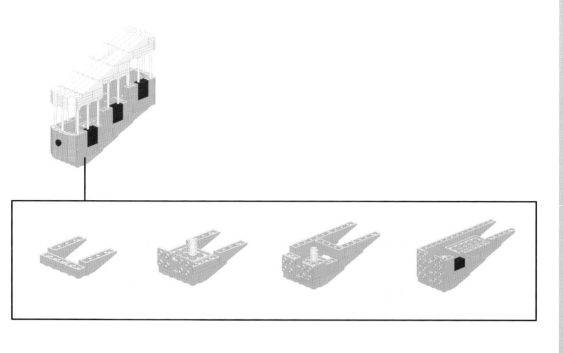

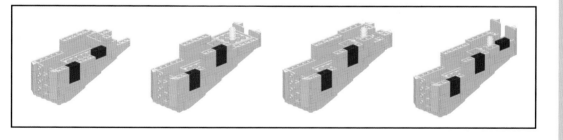

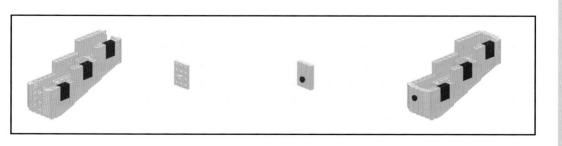

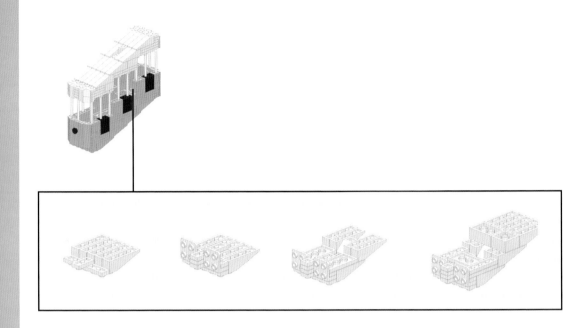

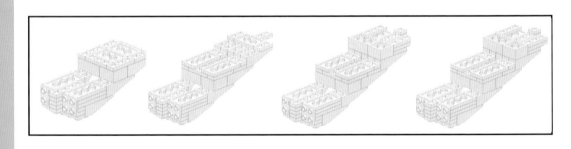

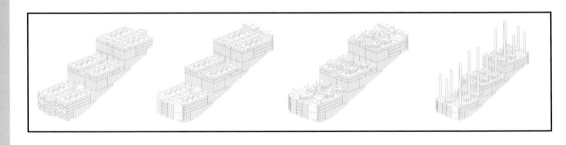

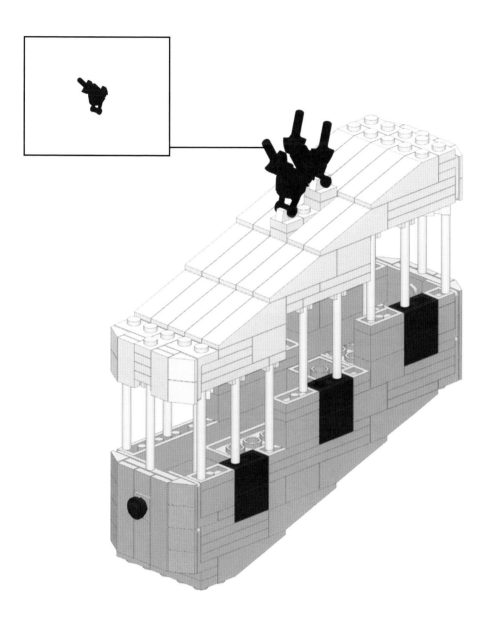

濱海電車

黑潭電車是全球最古老的電車之
一，時間可回溯至一八八五年。
自從開始營運以來，因為絡繹不
絕的觀光客，讓它成為目前唯一仍
在運作的濱海電車系統！雖然黑潭
電車系統現在使用的是新式無踏階
電車，但也很聰明地保留了長久以
來的傳統設計。目前行駛中的各種
型號，包含了一九三○年代生產
的氣球電車，以及伊麗莎白二世
一九五三年登基那年開始行駛的加
冕紀念電車。

窄軌火車

顧名思義,窄軌火車的鐵道軌距(兩條鋼軌間的距離)很小。縮短這段距離的實質好處包含了:火車、軌道、橋樑的建造成本較低,窄軌鐵道也能前往標準鐵道無法抵達的地方。這台窄軌火車是依據在石板礦場用的火車而建。小型引擎與列車能在礦坑裡運行,也因為車子實在是太小台,駕駛常常必須側坐。

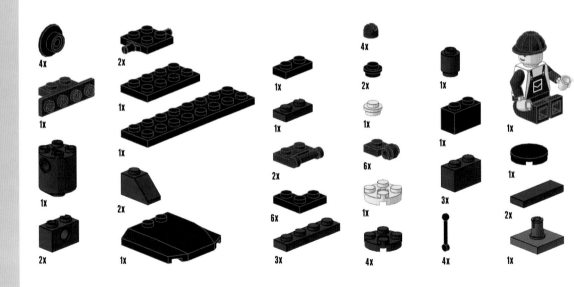

1

2

3

4

5

6

7

8

9

10

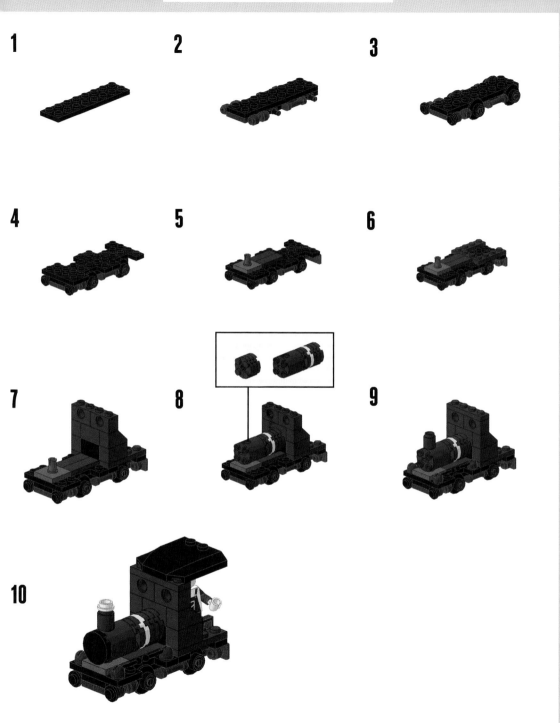

貨物列車

當你有一大堆貨物需要在全國各地移動，貨物列車便派上用場了。火車最初是為了運送貨物而發明，通常是載煤炭，自此之後都是如此。這台火車是一九六〇年代英國鐵路二十五型的模型，當時在英國北部運行。雖然搭火車的人已增加不少，但在世界上的某些地方，貨物列車的班次仍比載客列車多。現在的運煤列車可重達一百三十公噸。有些火車則非常長，長達一點六公里，需要好幾個車頭來運轉！

臺車

在沒有引擎的情況下，要怎麼在鐵道上移動？這台臺車或許幫得上忙。臺車通常是由維修人員使用，因為他們必須在軌道沿線工作。乘客或站或坐在平台上，手臂上下移動。藉由一連串連桿驅動輪子，把車往前推。雖然在鐵道剛發明的早期，臺車四處可見，但今日幾乎都已被機械動力的臺車給取代。不過仍有幾台臺車還存在，甚至會舉辦競速車賽！

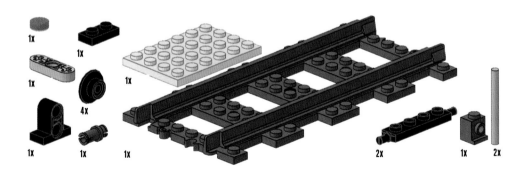

1x 1x 1x 4x 1x 1x 1x 2x 1x 2x

1

2

3

4

5

6

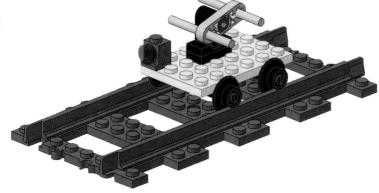

馬丘比丘火車

你可以用這台小火車證明，不需要任一塊特殊樂高輪子，就可以組成火車。它是一路爬上秘魯馬丘比丘的火車模型，輪子由 2×2 的圓形薄板組成。就連窗戶也是由透明薄板搭成——不需要特殊零件！這個設計很容易上手，還可改裝成你所在處的當地火車。試試看用不同的顏色組成車廂，看看效果如何。

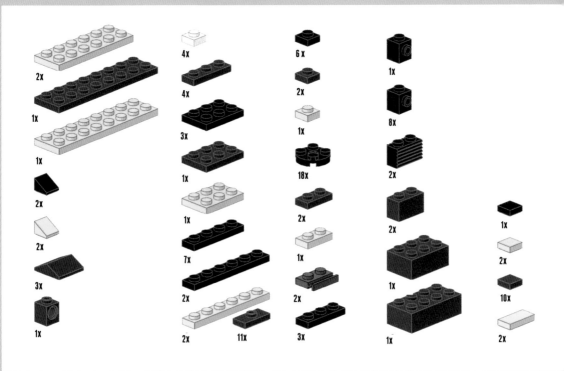

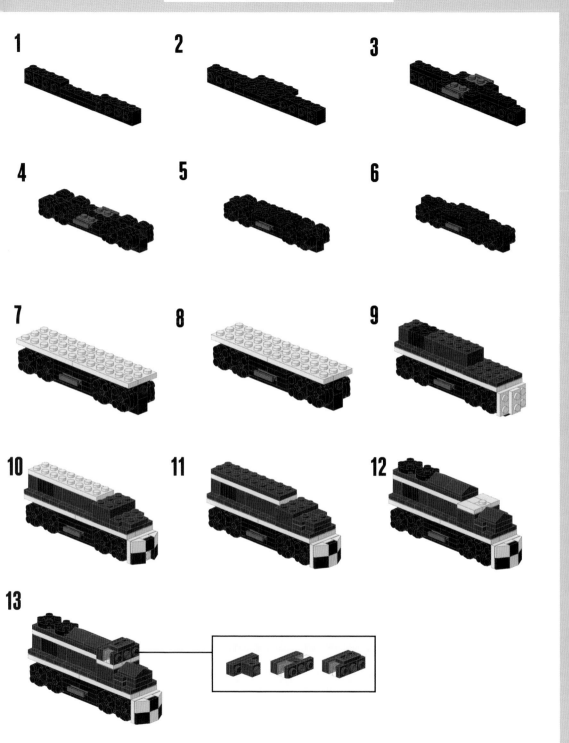

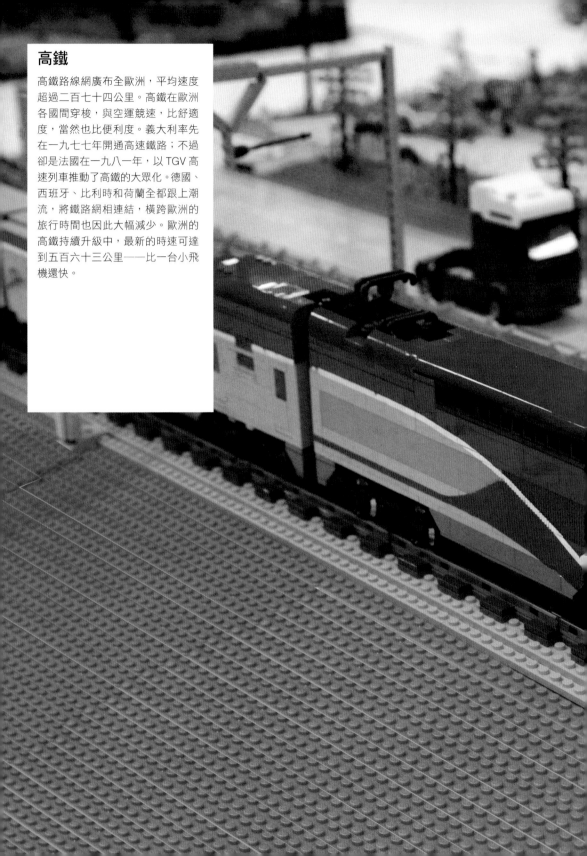

高鐵

高鐵路線網廣布全歐洲，平均速度超過二百七十四公里。高鐵在歐洲各國間穿梭，與空運競速，比舒適度，當然也比便利度。義大利率先在一九七七年開通高速鐵路；不過卻是法國在一九八一年，以 TGV 高速列車推動了高鐵的大眾化。德國、西班牙、比利時和荷蘭全都跟上潮流，將鐵路網相連結，橫跨歐洲的旅行時間也因此大幅減少。歐洲的高鐵持續升級中，最新的時速可達到五百六十三公里——比一台小飛機還快。

迪士尼樂園單軌電車

一九七一年，美國佛羅里達州

這種交通運輸工具只有一條軌道，所以便稱為單軌（monorail），源於希臘單字monos，意為「單一」。單軌電車出現在主題公園與小型城市中——你可能在度假時曾看過它。車子在一條離地的大型混凝土路軌上運行。因此單軌電列車可輕鬆地在河上、路上及樹頂行駛，你能享受途中的美好風景，整個電車系統也不會佔掉太多空間。

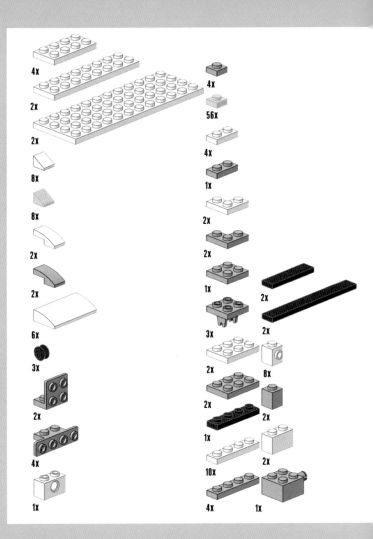

4x
2x
2x
8x
8x
2x
2x
6x
3x
2x
4x
1x

4x
56x
4x
1x
2x
2x
1x
3x
2x
2x
1x
10x
4x

2x
2x
8x
2x
2x
1x

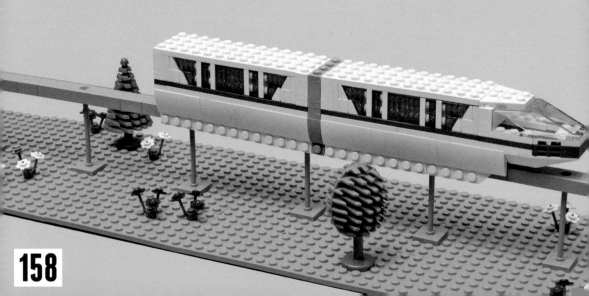

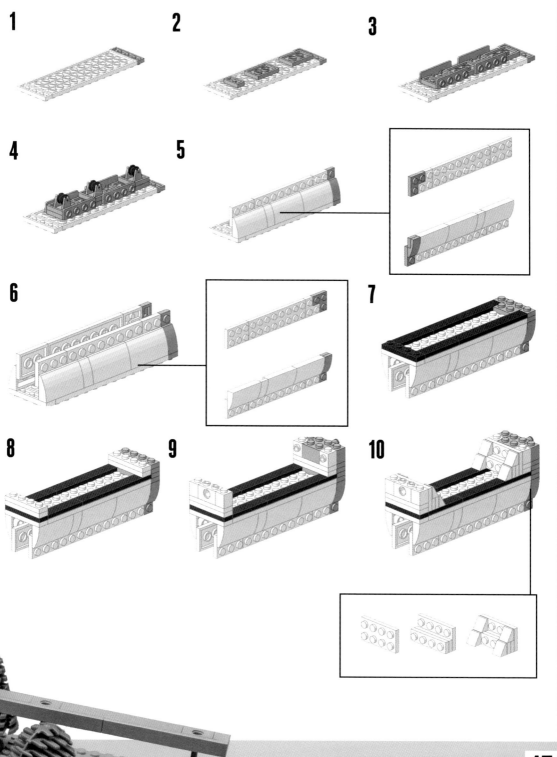

11

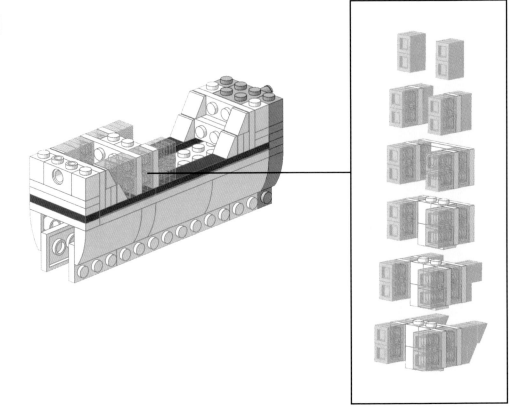

12

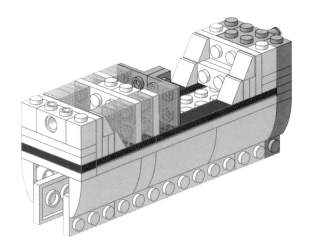

13

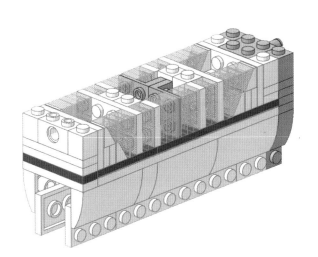

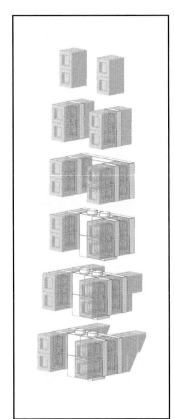

14

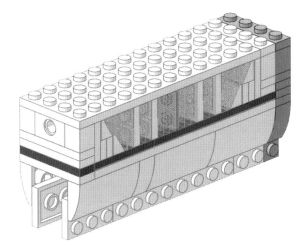

歐洲之星

歐洲之星是一種特殊型號的高鐵，在陸地上行駛，也穿梭於英吉利海峽之下。這裡的火車正要從倫敦的聖潘克拉斯國際火車站出發。歐洲之星是為了行駛於連接英法兩國的海底隧道而建，為此有幾項特殊的調整：首先，車身很長，非常長，長達四百公尺，這是為了確保在二十六公里長的隧道中，隨時都有一部分的車子位於緊急出口的對面。在緊急情況下，車子可以從中解連，未受損的那幾節車廂即可自行駛離。

乘風破浪

郵輪

一九六九年，英國南安普敦

如果你要出門旅行，何不讓旅途過程
跟目的地一樣享受？這正是郵輪的
靈感來源。新式郵輪是座漂浮飯店，
為目前航行中最大型的船隻之一。登
上郵輪（像是這艘瑪麗皇后二號），
你將發現美食、賭場及泳池。許多大
型郵輪船身實在太大，以至於無法停
泊進抵達的港口。這時便會出動小接
駁船將乘客載上岸——如果你捨得
離開船上的話！

照片© 拉斯 · 喬昆森
　　（Lars Jockumsen）

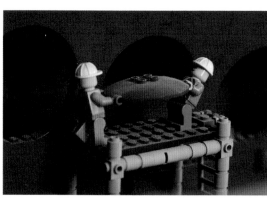

貨櫃輪

幾乎可以肯定的是，你正在讀的這本書花了一些時間在貨櫃輪上。全球貿易中，約有百分之九十的商品是由貨櫃運輸（至少其中一段）。在這艘船上的貨櫃是符合國際標準的大型金屬箱。這表示，不論這艘船開到哪裡，都可迅速卸貨，並輕鬆使用當地設備。貨櫃輪是用二十呎標準貨櫃來衡量船隻大小。目前運行中的最大船隻，可容納超過一萬八千個標準貨櫃。

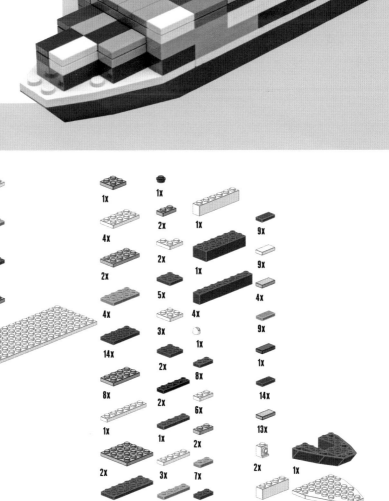

1x
1x
1x
1x
1x
2x
3x
2x
4x

1x
4x
2x
2x
4x
14x
8x
2x
1x
2x
2x

1x
2x
5x
4x
3x
2x
8x
2x
6x
1x
3x
2x

1x
1x
1x
4x
1x
1x
2x
8x
1x
14x
13x
2x
1x

9x
9x
4x
9x
1x
14x
13x
2x
1x

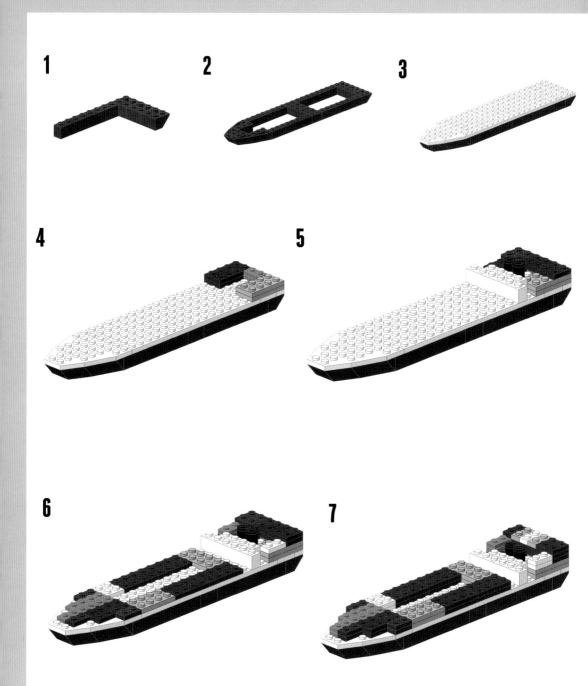

8

9

10

11

12

13

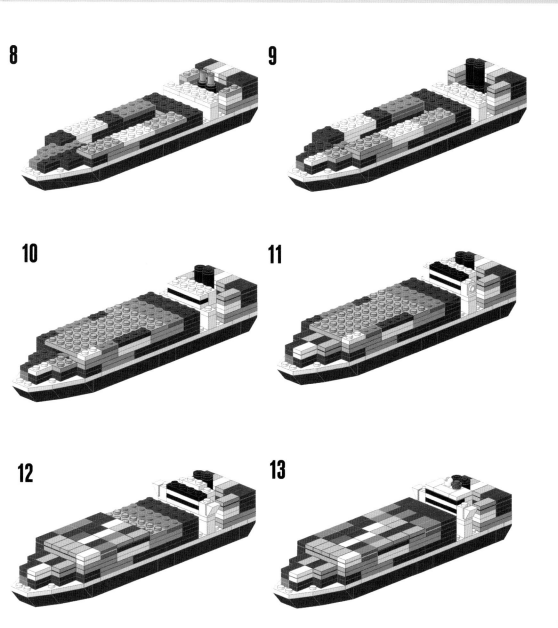

鐵甲艦

鐵甲艦屬於早期戰艦的一種,由蒸汽引擎驅動,無船帆,甲板有全面防護。戰艦採用鐵製裝甲,用來防禦可燒毀木船的燃燒彈。鐵甲艦問世後迅速取代了傳統船艦,因為發展速度極快,經常發生嶄新戰艦才剛啟用就已過時的情況。

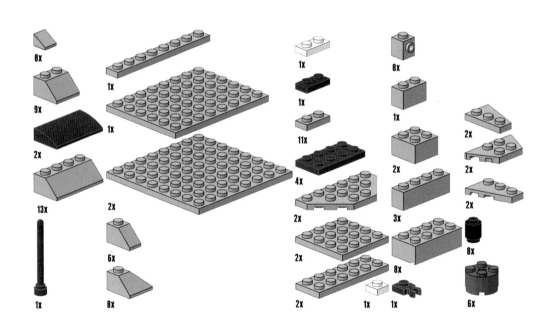

8x
1x

9x
1x
1x
8x

1x
1x

2x
11x
2x

13x
4x
2x
2x

2x
2x
3x
8x

6x
2x
8x

1x
8x
6x

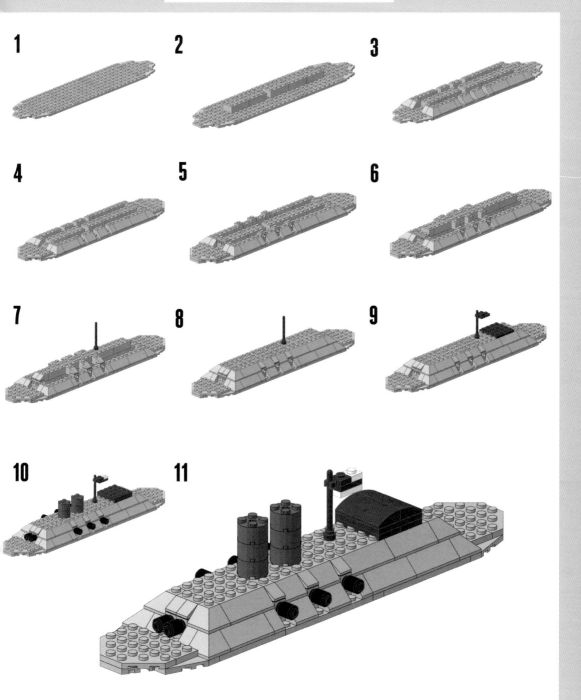

1

2

3

4

5

6

7

8

9

10

11

拖網漁船

北海位於英國與歐洲大陸之間，海
上有一支大型漁船隊，其中很多艘
都是拖網漁船。為了捕魚，船後會
有一張大網拖過水面。這裡出現的
船型是側拖網漁船，兩支帆桁在側
邊擺盪，網子綁在帆桁後拖行。網
子僅用來捕捉成魚，但也能捕到各
類魚種。捕到後，便由漁夫來篩掉
不想要的魚並放回大海。

運河船

運河船是英國特有的船隻，是為了克服特定問題而建造。各國早期的運輸網絡仰賴河流與運河，路線之多促使英國發展出四通八達的運河網絡。為了使船能在河裡上下坡，水閘寬度只有兩公尺。雖然原先是為了運輸貨物，近代的運河船大多都已轉型為住家或娛樂用遊艇。這裡出現的運河船是用來運輸煤炭，讓人們在冬天仍能保暖。

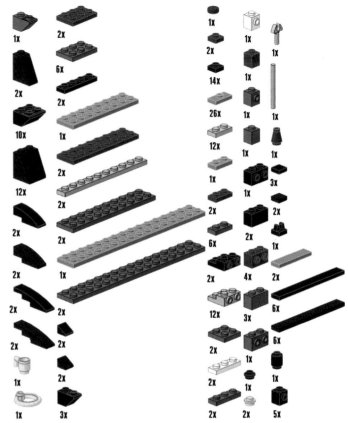

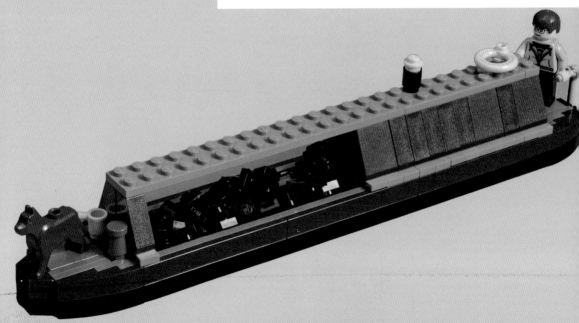

1

2

3

4

5

6

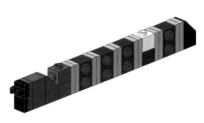

7

8

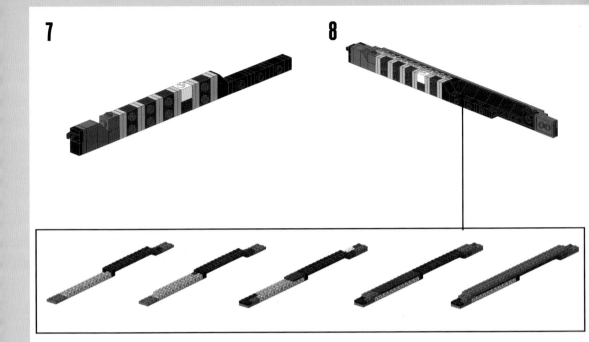

9

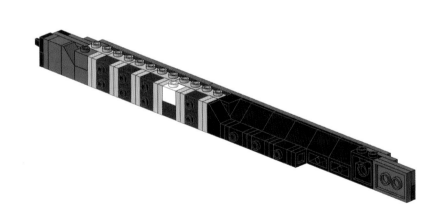

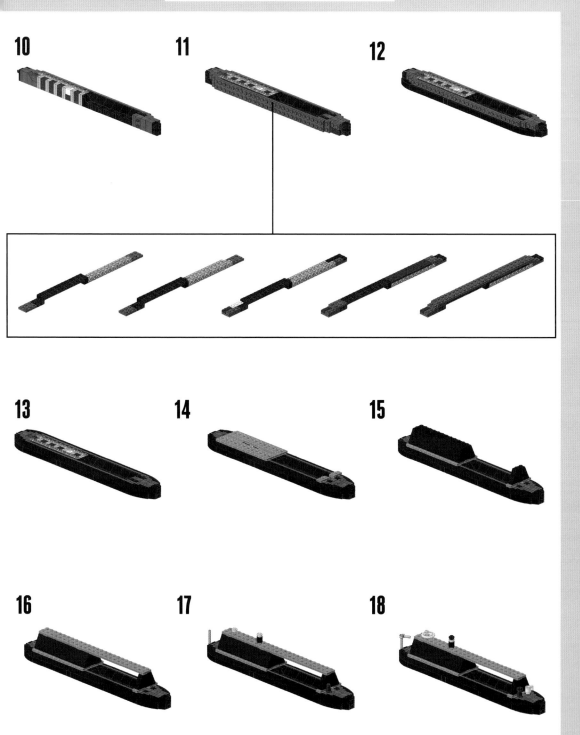

氣墊船

所有海上交通工具中，只有一種船沒有船長但有機長，它就是這艘氣墊船。雖然大部分的氣墊船都能浮在水面上，不過它們原始設計概念是懸浮在氣墊上，由船上的巨型風扇加以充氣。氣墊大幅減少了前進時消耗的動能，船速也因此飆高！這裡出現的 SR.N4 型號（又名「蒙巴頓」），由英國氣墊船公司生產，提供汽車運輸服務，直到二〇〇〇年退役為止。船上可載兩百五十四名乘客及三十輛車子，最快時速可達八十三節／一百五十四公里。

風扇船

風扇船是種特殊船型,為了在極淺或泥濘的沼澤上運行而設計,解決螺旋槳經常卡住的問題。船隻不是由螺旋槳推進,而是由船身後方的大型風扇提供動力。為了駕駛這艘船,風扇後通常會有兩個舵,用來控制氣流。或許你可能立即就聯想到,在美國佛羅里達州沼澤地出沒的風扇船,不過這些船隻用途廣泛,包括災難與冰上救援。

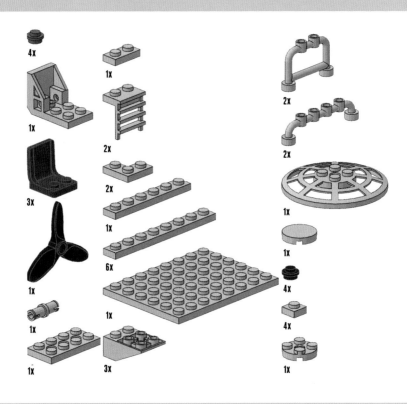

4x

1x

1x

2x

3x

2x

2x

1x

1x

6x

1x

1x

2x

2x

1x

1x

4x

4x

1x

3x

1x

1

2

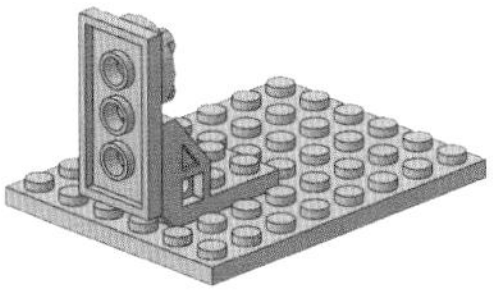

3

4

5

6

7

8

9

10

11

潛艇

潛艇是少數設計在海底航行的海上交通工具,發展到近代已成了高度精密船艦,可在極深的水底航行。潛艇透過調節浮力來上浮或下潛至水中,透過把水注入或引出特殊壓載艙的方式來調整浮力。當水越多,潛艇越重,就會往下沉!在水面下時,潛艇使用各種活動式的平面裝置來掌舵,與駕駛飛機相似。當潛艇傾斜時,周遭的水便會往上或下流,船也跟著上移或下沉。

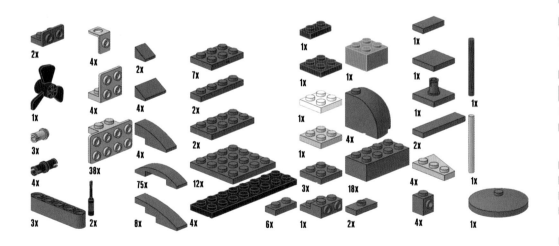

1

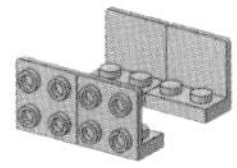

2

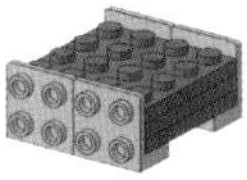

3

4

5

6

7

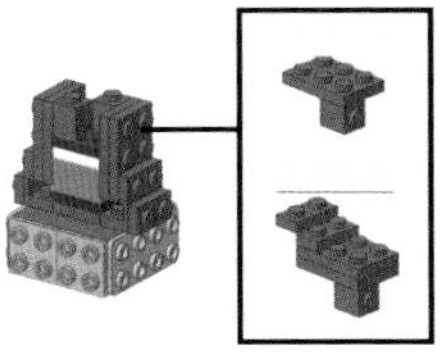

8

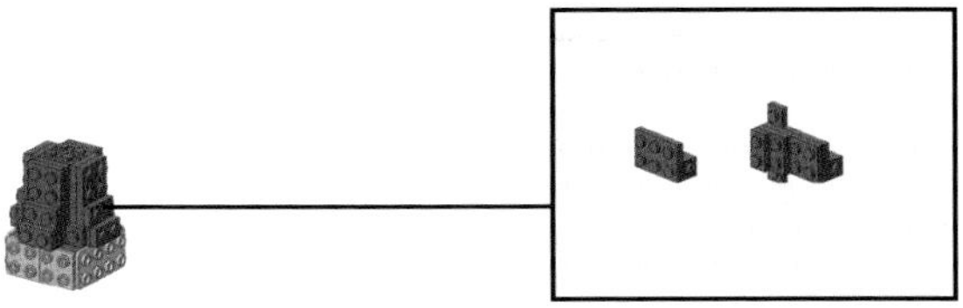

9

10

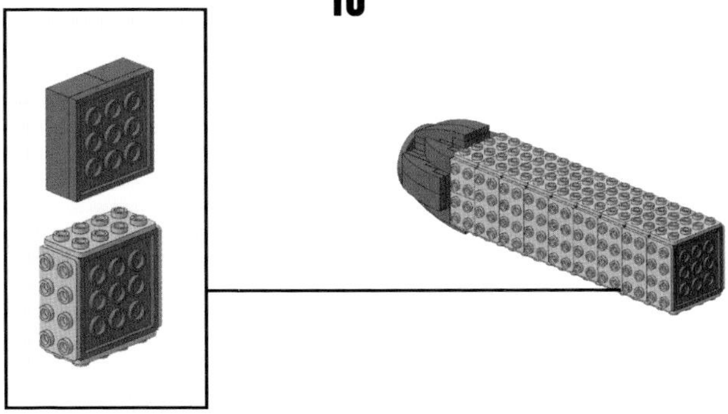

11

12

13

14

15

16

17

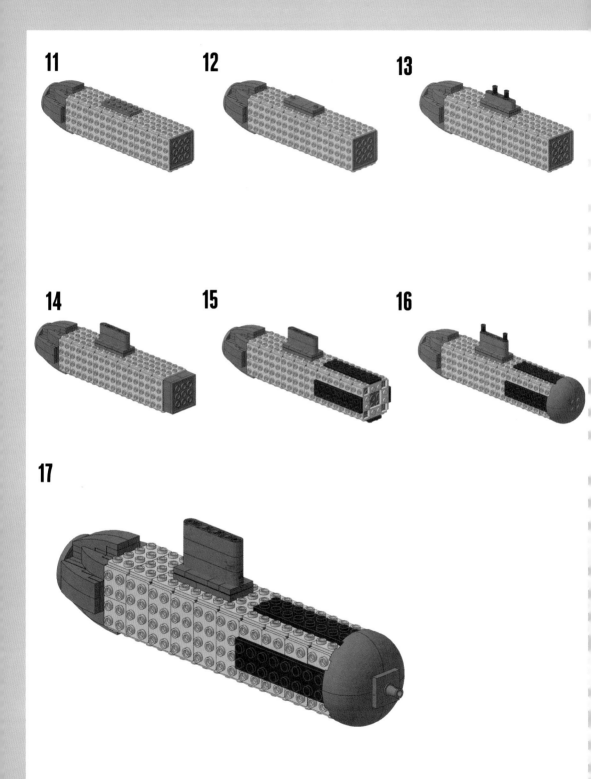

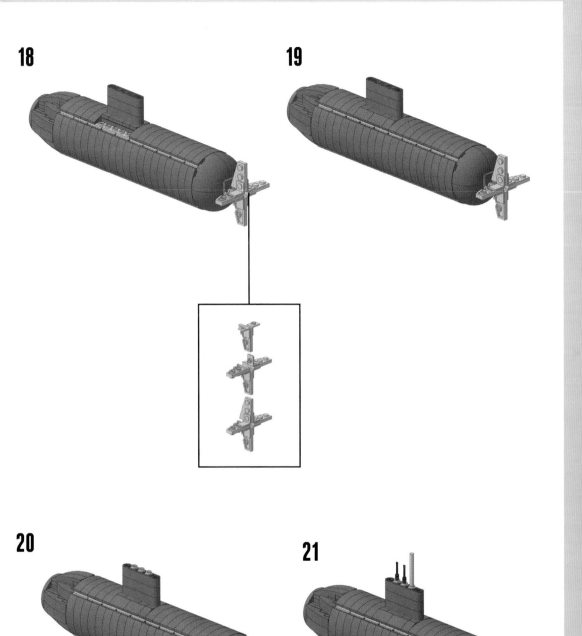

客輪與汽車渡輪

當建橋並不實用或成本太過昂貴
時，替代方案便是渡輪，有固定班
次將人跟車從甲地送到乙處。渡輪
在全球各地航行，大小各異，從只
能載少數人的小船，到能載上百台
車跟數千名乘客的超級渡輪都有。
渡輪的型號也有很多種，通常依據
它們載的客人及提供服務的碼頭而
設計。

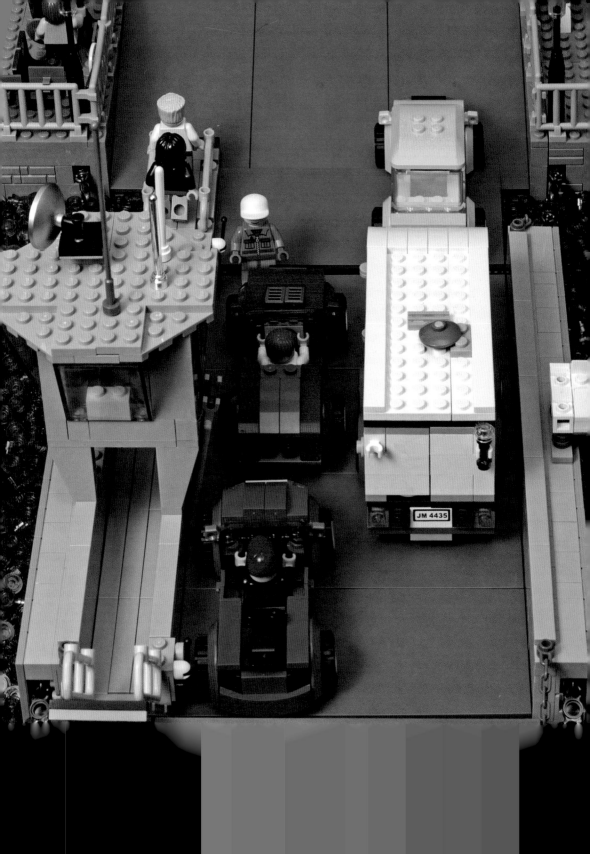

就像在這裡看到的，有內建坡道的汽車渡輪，稱為「駛上駛下船」（roll-on, roll-off, 簡稱 RORO）。較大型貨船因為貨物是由船上的起重機吊上去，稱為「吊上吊下船」（lift-on, lift-off, 簡稱 LOLO）。結合兩者的叫作「駛上吊下船」（ROLO）。如果駛上駛下船可以載客，稱為「駛上駛下客貨渡輪」（ROPAX）。最後，當駛上駛下船用貨櫃來載貨，也載客跟車子的話，則稱為「駛上駛下貨櫃複合渡輪」（CONRO）。都懂了嗎？

滑水船

如果你對船內旅行沒什麼興趣，要不要試看看被拖在船後頭？這就是滑水船的用途。船隻裝了一顆大引擎，用來提供足夠的速度，讓滑水運動員能夠站在水面上行進。成人滑水運動員可能需要達到時速五十八公里，才能舒適地享受滑水！事實上，不用滑板就滑水是辦得到的，只是需要更高速的船隻，以克服額外的摩擦力。

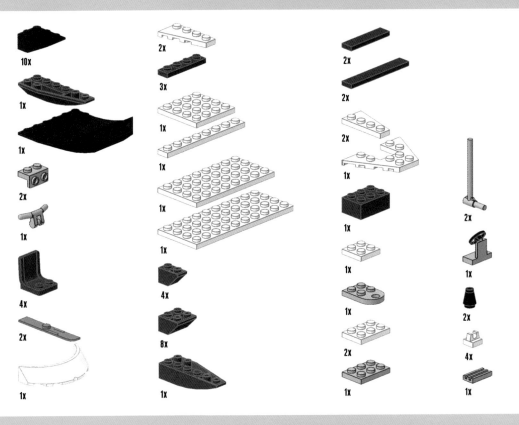

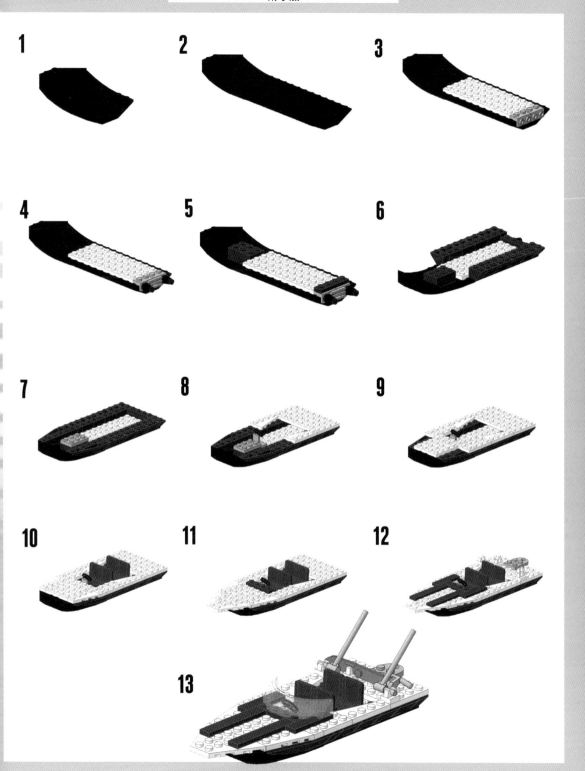

水下研究船

如果你需要偵查水底深處的某個東西時，派一名潛水員下去既複雜、危險又昂貴。你可以改用遙控水下載具；它是一種小型潛艇，由駕駛員在陸上操縱。把一台無人載具送進水底就簡單多了；而且透過許多遙控水下載具配備的操縱手臂、燈光與攝影機，它們也能執行各類廣泛的任務。

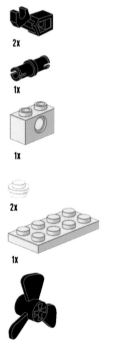

2x

1x

1x

2x

1x

2x

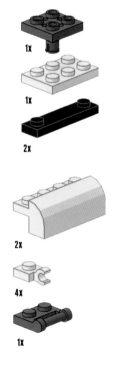

1x

1x

2x

4x

1x

1x

2x

2x

2x

1x

3x

1x

4x

2x

2x

1

2

3

4

5

6

7

8

9

10

11

12

197

Zwarte Zee 拖船

一九六二年，荷蘭鹿特丹

"Zwarte Zee" 為荷蘭文，意思是
「黑海」；而這艘美麗高雅的船隻，
由荷商「史密特國際」打造，事實
上它是一般拖船。一九六二年下水
時，Zwarte Zee 是當時全球最有力
的拖船；擁有九千匹馬力，必要時
可以十六節／二十九公里的時速前
進。可惜的是，在運行二十年後，
這艘船於一九八四年退役了。

拖船協助拖吊或推移無法自行移動的船隻或水運船。原先是蒸汽動能,現在靠柴油運轉,馬力十分強大。航行的水域雖會影響船隻大小,但並不影響它們的動能。拖船常是緊急救援與破冰的必要設備。它們甚至提供休閒娛樂:拖船競賽在全美各地都很熱門。

雙體船

絕大多數的船只有一個船體，而有兩個船體的稱為雙體船。用兩個瘦長船體取代單一寬大船體，船身與水接觸的面積減少，降低阻力並加快速度。這裡出現的是一艘典型風帆雙體船，輕質的網目架在兩個船體間。這類船隻常用於競速，當它逆風而行時，經常會看到其中一個船體完全飛離水面。

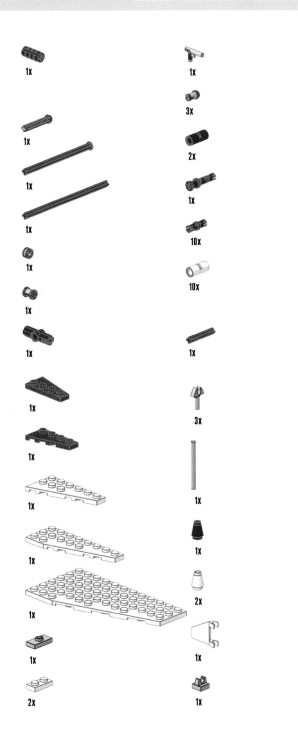

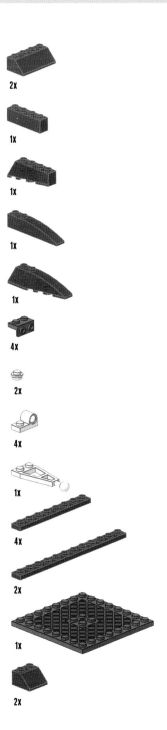

1x

1x

1x

1x

1x

1x

1x

1x

1x

1x

1x

1x

1x

2x

1x

3x

2x

1x

10x

10x

1x

3x

1x

1x

2x

1x

1x

2x

1x

1x

1x

1x

1x

4x

2x

4x

1x

4x

2x

1x

2x

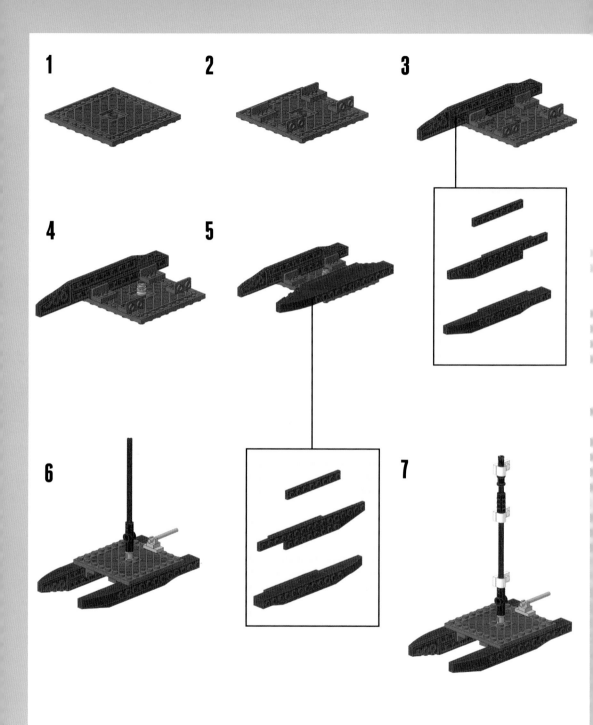

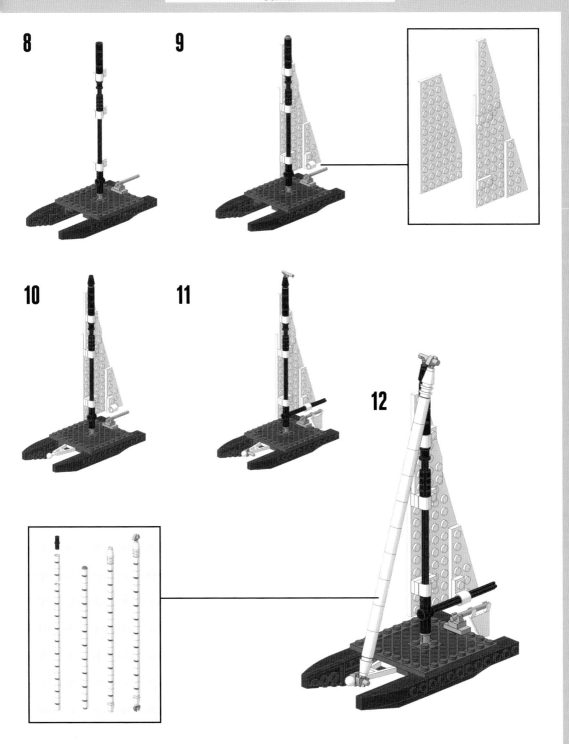

8

9

10

11

12

海岸巡邏艇

如果你在海上遇到麻煩，這時候你就要呼叫他們！這艘「海岸防衛員」是美國海岸巡邏艇的模型船。這類型的船稱為「硬式充氣艇」，可充氣的橘色船體提供船隻很大的浮力，在救人時非常有用；你絕不想在救翻覆船隻時，自己先翻船了！

遊艇

下午陽光和煦,還有比在水上度過更好的選擇嗎?這艘樂高遊艇是絕佳的放鬆方式!用樂高積木做一艘船其實比看起來難多了。如果你沒有用特殊的船體積木零件,打造平滑的船體還蠻有挑戰性的。這艘船的建造者成功地做到了,他選用有弧度的斜面積木,沿著側邊搭起,如此一來就會往內而不往下彎。

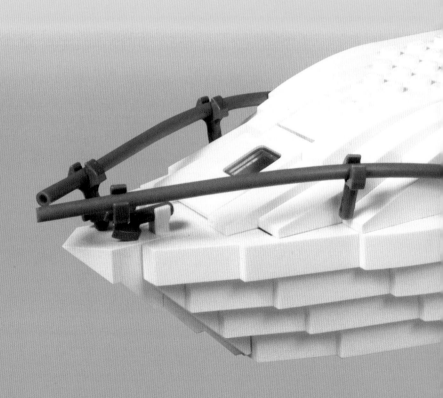

孟格菲熱氣球

一七八三年，法國阿爾代什省

來自法國的孟格菲兄弟，在一七八三年發明了這個氣球。這是史上第一趟載人的空中飛行。這顆熱氣球由塔夫塔綢製成，表面塗上一層特殊防火材質。雖然日後執行了多趟載客航程，發明者很聰明地決定前幾趟飛行應該有些「試驗對象」。他們選了一隻綿羊（約為人的體重）、一隻鴨子（會飛，應該不用擔心牠的安全）以及一隻公雞（一隻正常來說不會飛這麼高的鳥類）。

熱氣球吊籃

還有比從熱氣球上俯瞰狩獵平原更好的方式嗎？真正的熱氣球因為裡面的熱空氣比外頭輕而浮起。不過我們的樂高氣球重二點五公斤，並不用擔心乘客跟著一同飄走。

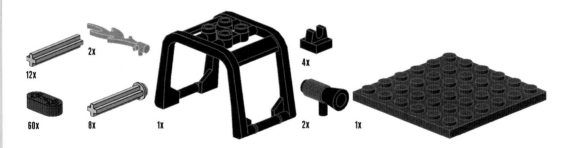

12x 2x 60x 8x 1x 4x 2x 1x

1

2

3

4

5

6

7

8

9

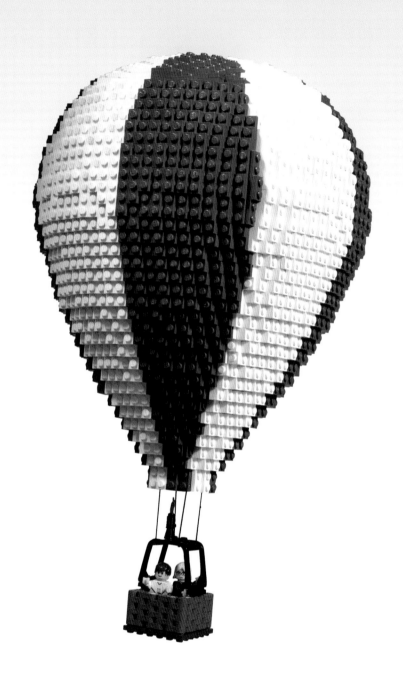

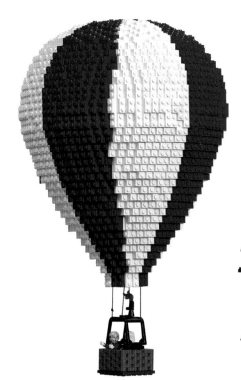

達文西的飛行器

約一四八〇年，義大利佛羅倫斯

李奧納多 · 達 · 文西是位知名畫家，同時也是很傑出的科學家。他對飛行十分感興趣，設計了許多可飛行的機器，包含這一架——直升機的早期設計樣貌。他的想法是讓旋轉的螺旋槳把機器帶上天空。只可惜，在他有生之年，這件事是辦不到的——這項科技在當時並不存在。然而，他的遠見仍舊遙遙領先了四百年後的萊特兄弟。

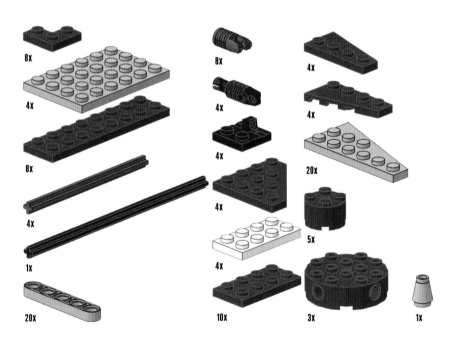

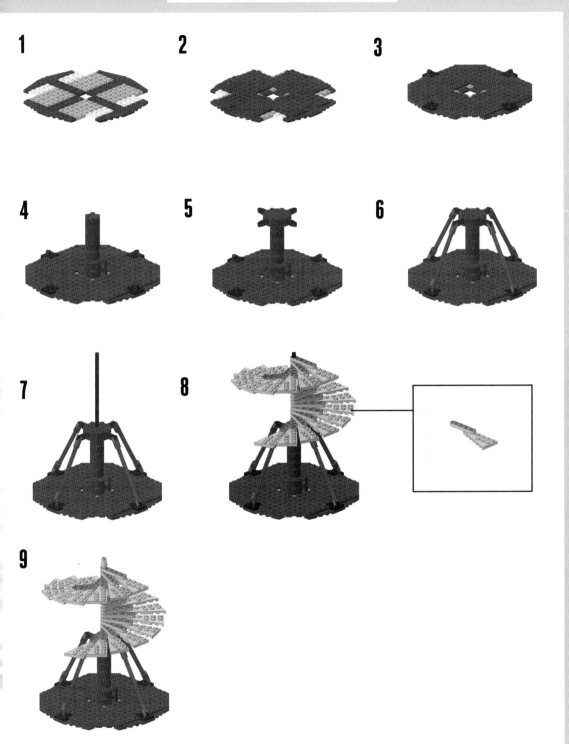

固特異軟式飛船

你知道固特異軟式飛船（就像這艘）跟硬式飛船（像是命運悲慘的興登堡號飛船）有什麼不同嗎？軟式飛船靠比空氣輕的氦氣飄起來。氦氣也塑造了飛船的外型——就像一顆巨大的充氣氣球。相對的，硬式飛船有堅固的內部結構，並用此撐起外型；氣體裝在船艙內的巨型氣球中。這艘模型是依一艘很有名的飛行船而建，常可在美式足球賽看到它的蹤影。

固特異軟式飛船的原型是由固特異輪胎與橡膠公司所發明，這間公司成立於工業革命期間的一八九八年。第一艘軟式飛船是在最古老飛船基地建造的，基地位於美國俄亥俄州阿克倫市附近。固特異的第一艘硬式飛船於一九一二年問世，該模型在二十世紀百年間持續進化；用途十分廣泛，包含監視、空中電視報導及救援行動期間的信號傳輸。

降落傘

如果你在空中突然遇到狀況，這時你便需要降落傘。不過這一艘是為了另一個目的而設計的——樂趣！降落傘由一種特殊的尼龍纖維製成，而這麼薄的結構很難用樂高積木準確地呈現。因此，我們新創了英國國旗圖樣的特殊設計加以取代。眼尖的你或許已發現，二〇一二年奧運時，詹姆士 · 龐德跟伊麗莎白二世就是用它走捷徑抵達會場。

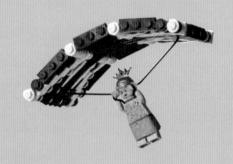

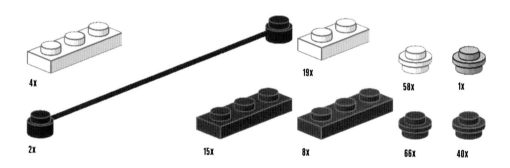

4x

19x

58x

1x

2x

15x

8x

66x

40x

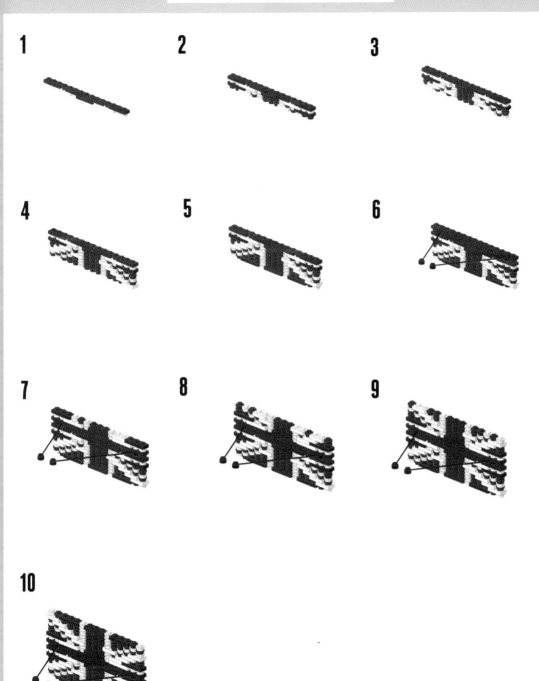

直升機

直升機是功能最多的飛行器之一，沒有行進方向的限制，且可以盤旋在某處上空，因此很適合執行救援行動，像是這裡展示的這台。直升機依賴上方快速旋轉的螺旋槳產生升力。機翼用途的每一根螺旋槳繞著固定軸旋轉，藉著快速攪動空氣產生飛行升力。不過產生飛行升力需費很大的力氣。使螺旋槳達到每分鐘四百轉會大量消耗燃油，因此直升機能待在空中的時間便變得有限。

氣象氣球

如果你想測知大氣層中發生了什麼事，最簡單的方式當然就是前進大氣層！但前往高層大氣的旅程既危險又昂貴。有一種方式比發射火箭要便宜許多，那就是用氣象氣球把感應器送上去。這個模型的本尊，是在南極哈雷研究站發射的氣象氣球，為英國在南極勘測站進行中的一小部分研究。

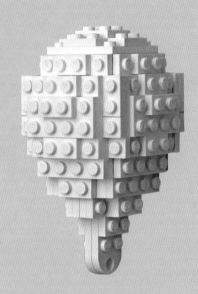

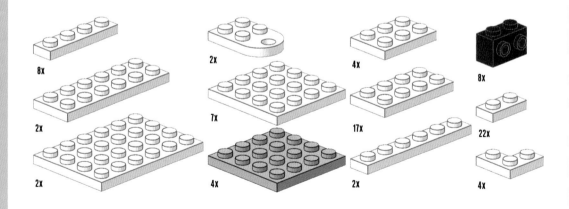

8x

2x

2x

2x

7x

4x

4x

17x

2x

8x

22x

4x

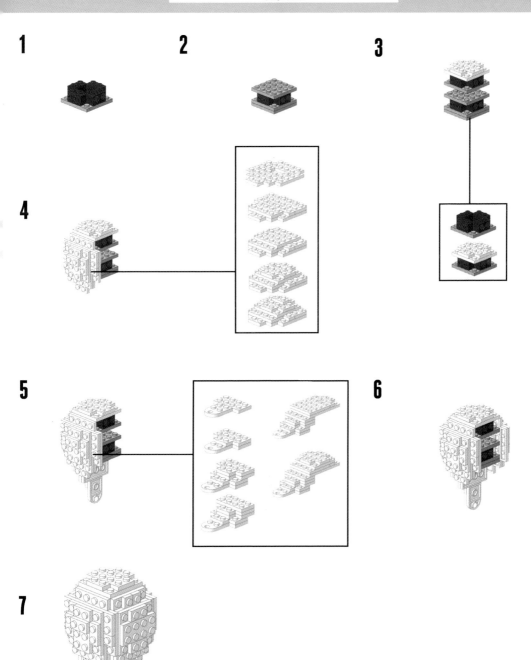

1

2

3

4

5

6

7

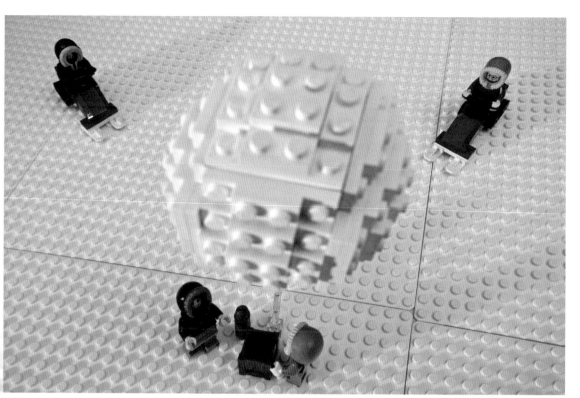

這些氣球裡頭灌的是比空氣輕的氫氣，放手後便會往上飄。雖然它們在地面上看起來很小，隨著高度提升，大氣壓力降低，氣球便會大幅膨脹。這些氣球可飄到四十公里的高度，接著便會因為壓力降得太低，氣球過度膨脹就爆開了。

協和機

一九七六年，英國與法國

這台飛機獨一無二——它是航空史
上飛得最快的噴射客機。協和機是
由英法兩國的公司合資在一九六〇
年代打造，幾無間斷地載客直到二
〇〇〇年止。特殊的機翼設計與引
擎使它能夠達到二點零二馬赫、時
速兩千四百九十七公里，是音速的
兩倍速。依這個速度，協和機只需
花三個半小時，便能從倫敦飛到紐
約；且因為紐約時間比倫敦晚五小
時，理論上來說，你可以在起飛前
便抵達紐約。

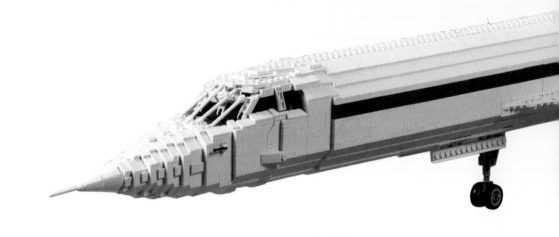

滑翔機

滑翔機沒有引擎——它們就這樣直接（但緩慢地）撞上地面！滑翔機的飛行員懸掛在一大型翅膀底下，上頭有堅固骨架。飛行員透過轉移重心的方式來控制行進方向。因為滑翔機越飛越低，飛行員通常是從高的山脊或山丘起飛，並在飛行時尋找上升氣流。上升氣流是由熱空氣（太陽使地面加溫而形成）集結成的上升氣柱，當滑翔機成功地找到上升氣流時，便能攀升高度，延長飛行旅程。

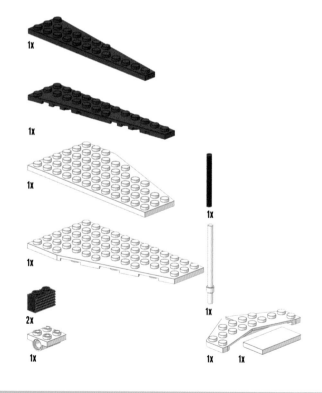

1x
1x
4x
2x
1x
1x
1x
2x
2x

1x
1x
1x
1x
2x
1x

1x
1x

1x
1x

1

2

3

4

5

6

7

8

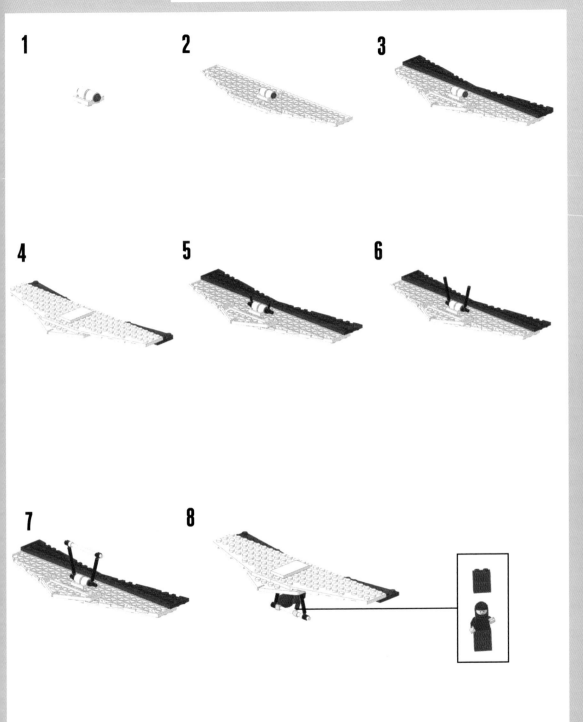

機場

不論你搭的是哪一種空中航程,都有一個共通點:飛機需要機場。這是一座小型都市機場(像是倫敦)的模型。雖然擠在一個小小的港區空間裡,小機場的設備跟大型國際機場須完全相同。乘客安檢同等嚴格,並有一整個消防團隊待命中——只是以防萬一。問題是,我們的樂高人偶要去哪度假呢?

除了乘客服務設施與讓飛機可起降的空間外，機場還設有大型燃油槽。航空燃油以石油為基底；現場也已備好加油車，有需求時即可幫飛機加油。大型飛機每秒約會消耗掉四公升的油，起飛時最耗油。像這裡出現的機場，也需要確保停車位充足，讓旅客可將他們的車停在這裡好一段時間。旅途愉快，樂高人偶！

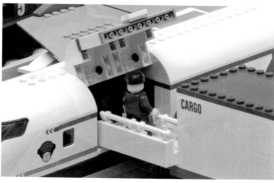

塞斯納一七二型天鷹

一九五六年，美國堪薩斯州

塞斯納或許是最知名的輕型飛機製
造商。這間美國公司至今已生產了
數以千計的飛機，而其中最具代
表性的絕對是這一架——塞斯納
一七二型。如果你認出了這台飛機，
這是有原因的——它是航空史上產
量最高的機型，超過六萬架遨遊空
中。塞斯納一七二型同時也是飛行
時間最長的世界紀錄保持者，連續
飛了驚人的六十四天。

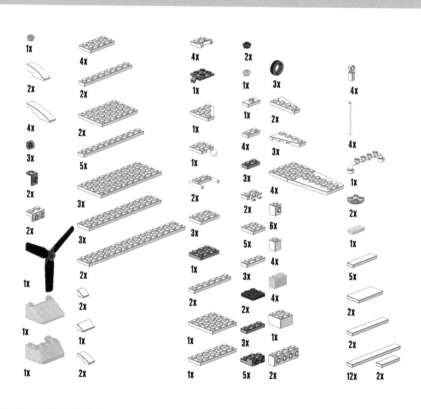

1

2

3

4

5

6

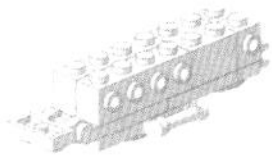

7

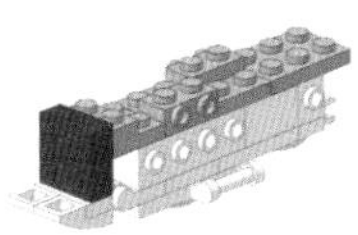

8

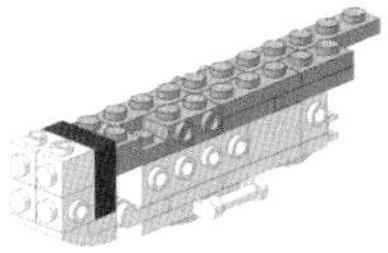

9

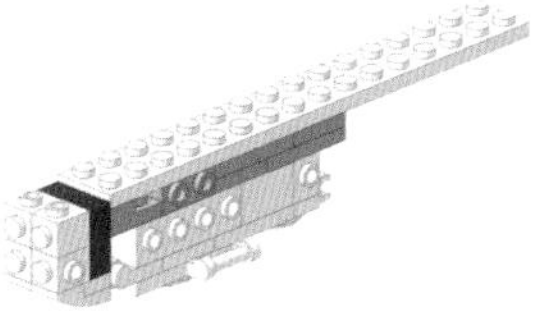

10

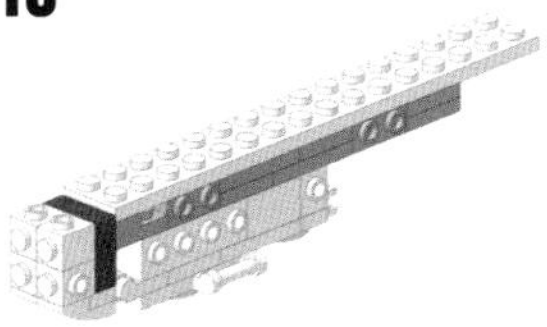

11

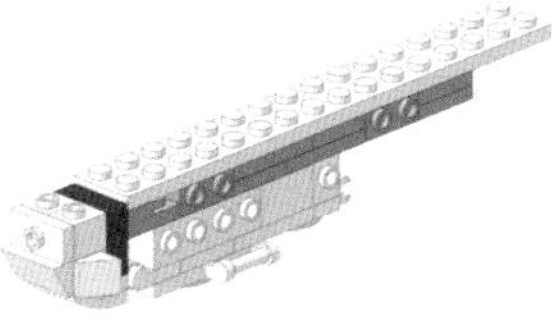

12

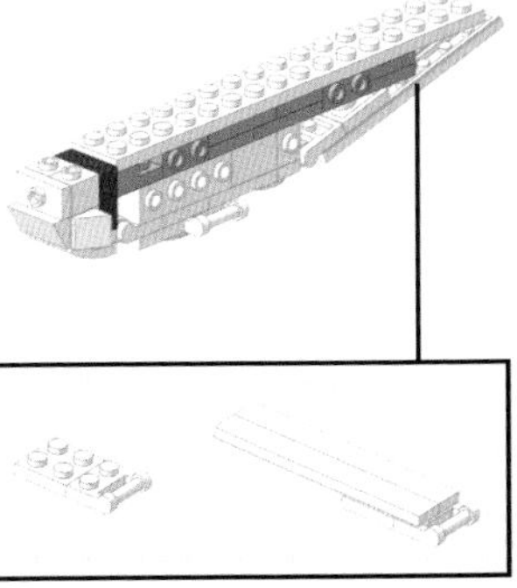

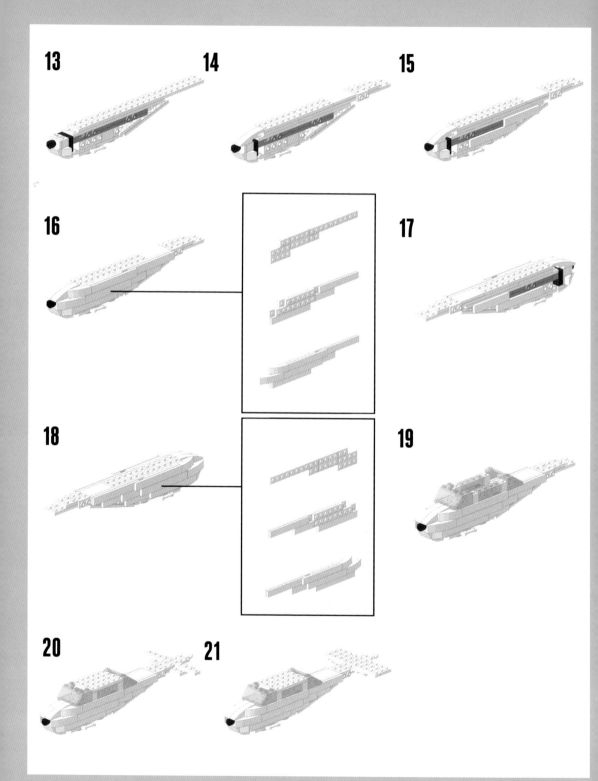

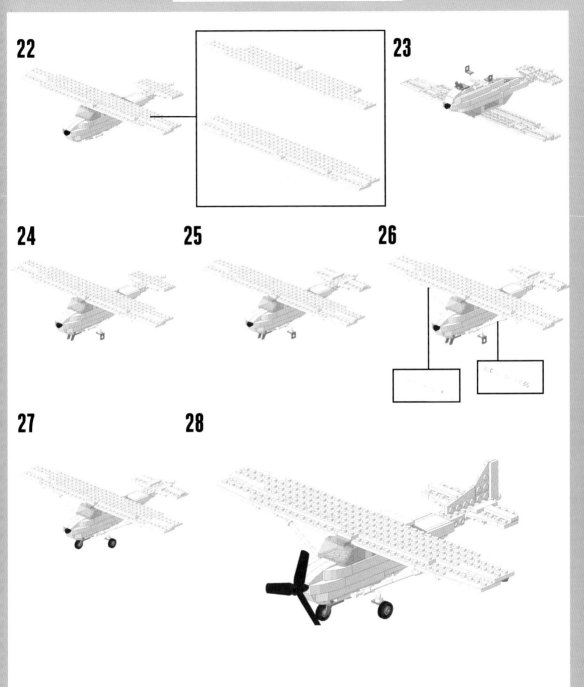

22

23

24

25

26

27

28

美國太空總署太空梭

一九八一年，美國佛羅里達州

美國太空梭曾有個響噹噹的綽號：
「太空發財車」，不過它真正的名
稱是「太空運輸系統」。這名稱指
的是太空梭的梭體有個巨型酬載
艙，可將衛星發射到太空中。太空
運輸系統於一九八一年首度升空，
結合了可重複利用的軌道載具，外
加兩個拋棄式的固態燃料推進器及
一個大型外部油槽。六架已完成的
軌道載具中，有五架執行了太空任
務，包含這裡展示的奮進號。可惜
的是，其中有兩架分別於一九八六
及二〇〇三年發生意外。

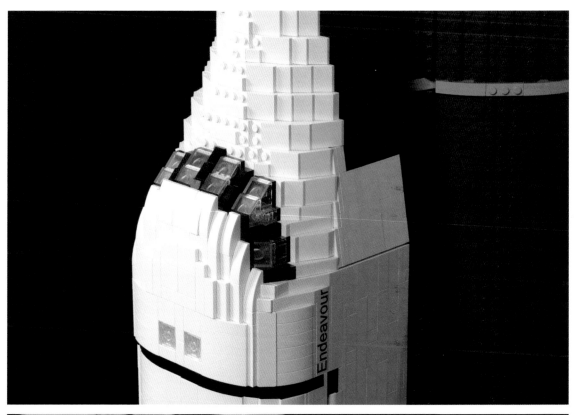

阿波羅登月小艇

一九六九～一九七二年，美國佛羅
里達州

這艘就是阿波羅登月小艇，唯一一
艘成功登陸月球並飛離的機器。美
國在一九六九至一九七二年間，先
後派遣了六台登月小艇登陸月球，
而這六艘的下半部都還留在月球
上。登月小艇的上半部是太空人待
的地方；當要離開月球時，上半部
便會從下半部脫離、進入月球軌道。
可惜的是，它的生命週期並不長：
當上半部進到繞著軌道運行的指揮
勤務艙時，太空人便進入艙內、將
登月小艇送走──撞上月球或是進
入太陽軌道。

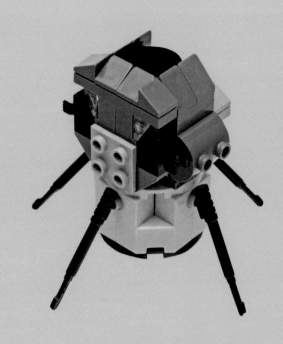

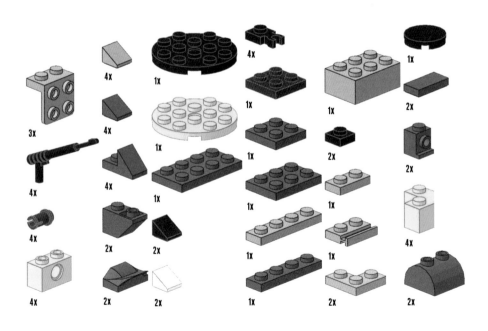

1

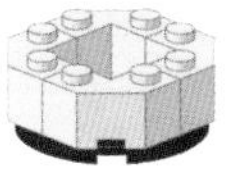

2

3

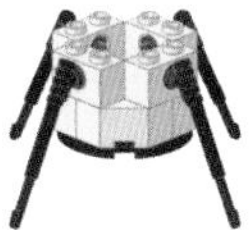

4

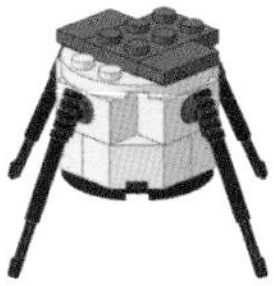

5

6

7

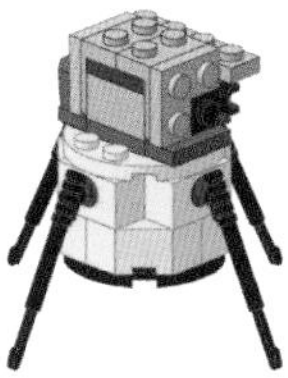

8

9

10

11

12

13

14

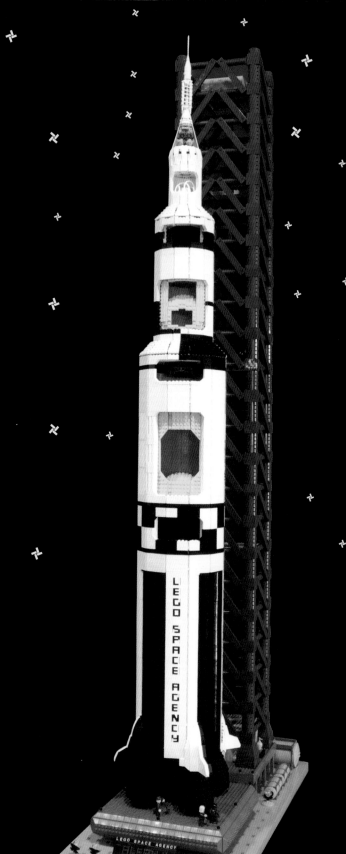

美國太空總署火箭

一九六六～一九七三年，美國佛羅
里達州

這艘是美國太空總署神農五號運載
火箭的模型，神農五號是阿波羅計
畫的一部分，在一九六〇至一九七
〇年代間，將太空人送到外太空執
行月球任務。這艘火箭也將天空實
驗室的太空站推進到地球軌道上。

為了脫離地心引力、探索宇宙，火箭必須以極速前進。事實上，火箭時速一定要超過兩萬四千一百四十公里，才能進入太空。把大量的設備送進太空需要消耗巨量的能源；而神農五號是一支三節的液態燃料火箭，燃料混和了煤油與液態氧，也是火箭內主要裝載的物質。每一節的燃料耗盡後，便會脫離火箭，減輕本體重量，在推進時可達到更快的速度。

太空船一號

二〇〇四年，美國加州

太空船一號在航太史上有著特殊地位：它是史上第一艘私人贊助的載人太空船。二〇〇四年，太空船一號將太空人布萊恩 · 畢尼送到海拔十一萬兩千公尺的高度，來到了太空的邊緣。太空船一號的獨特之處在於並非僅靠自身的能源飛向太空。一艘相伴的飛機——白色騎士一號先將太空船一號載到半空中，接著太空船脫離、發射自身配備的火箭、加速到三馬赫後（時速三千六百七十五公里）進入太空。這艘運輸工具引領著商業化太空旅行的未來。

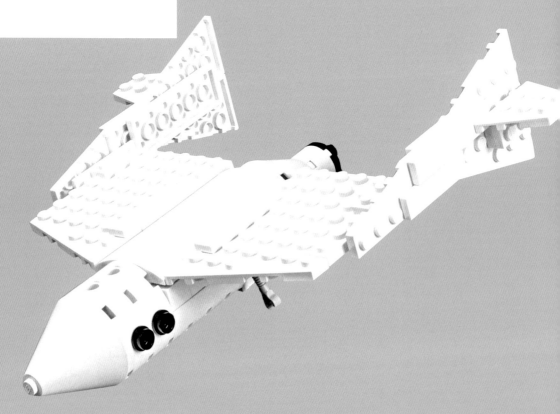

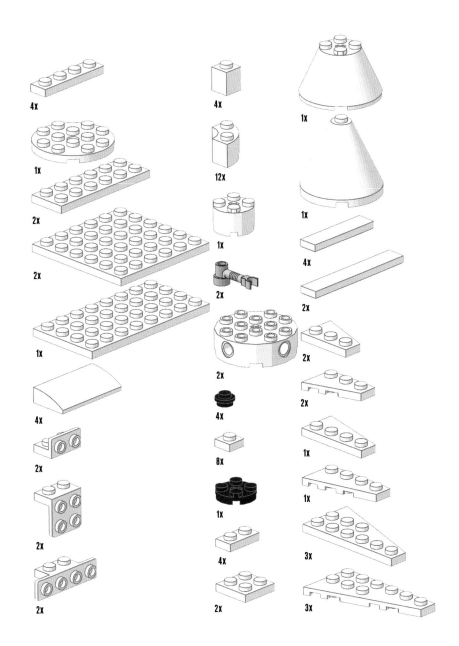

4x

1x

2x

2x

1x

4x

2x

2x

4x

1x

12x

1x

2x

4x

8x

1x

4x

2x

1x

2x

2x

1x

1x

3x

3x

1

2

3

4

5

6

7

8

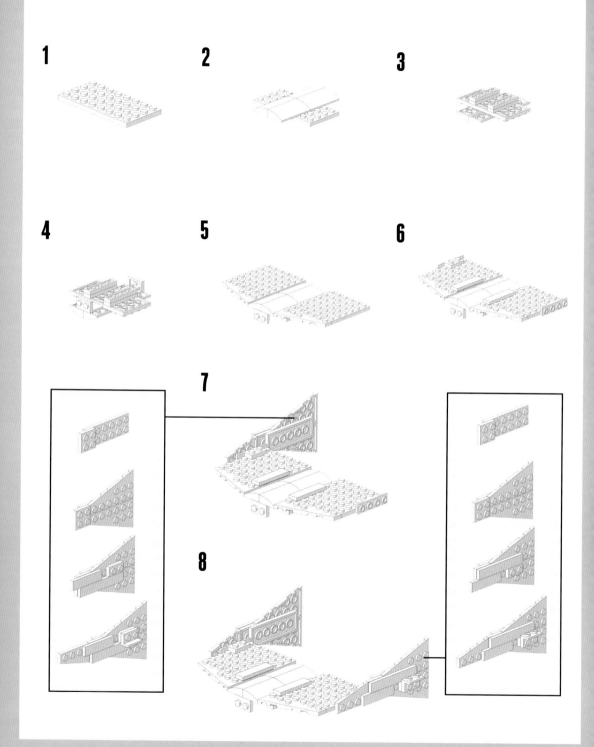

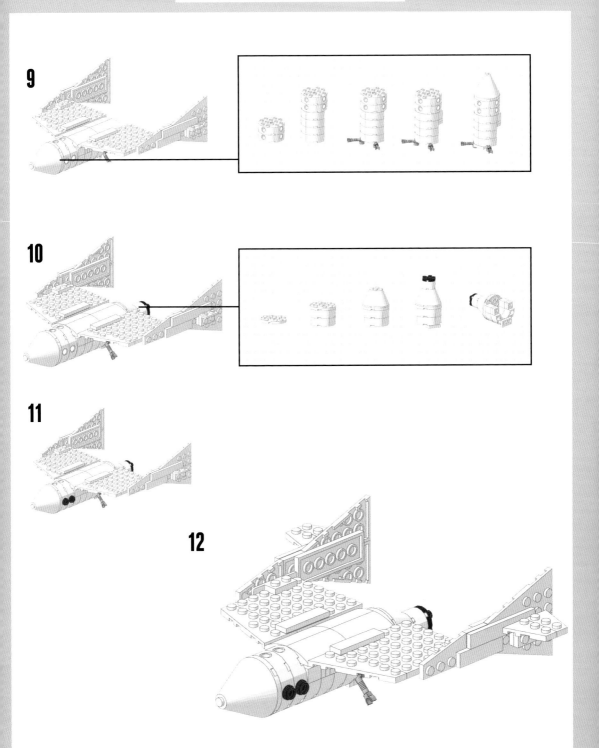

9

10

11

12

時光機器

我們還不曾朝這個方向飛過──穿越時間！從科幻小說這類別出現以來，時間旅行一直都是它的主線，這台時光機器是其中最有名的亮點。取材自一九六○年電影《時光機器》（改編自 H. G. 威爾斯的同名小説），這艘非比尋常的車輛是用來將乘客傳輸到任一時間點──未來或過去。那麼，有機會的話你想去哪裡？回到搭木筏、最早期的水上交通工具的時期？一瞧羅馬戰車競賽？或許你會想看看史蒂芬生的火箭號蒸汽火車如何嚇壞了群眾。或是前進未來，來趙外太空一日遊？想像力是你唯一的限制！

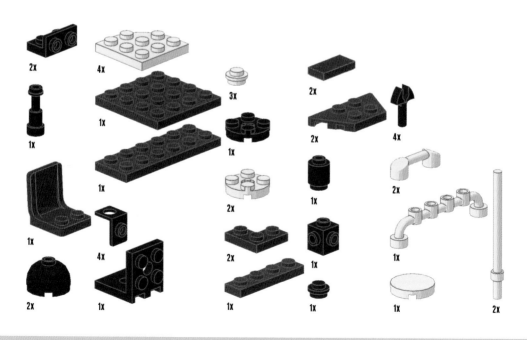

1

2

3

4

5

6

7

8

9

10

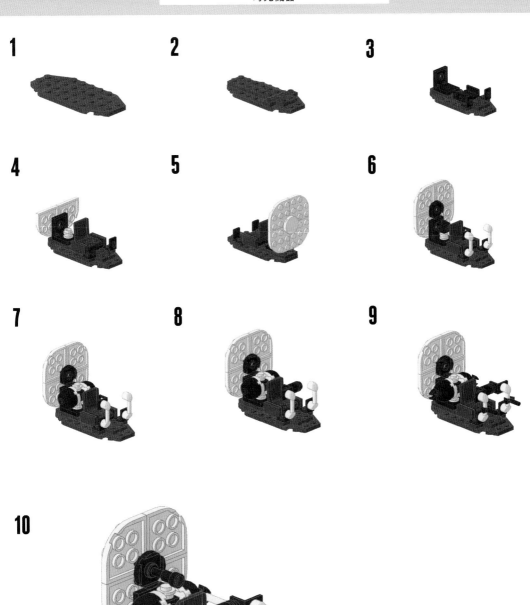

索引

1-6 劃

MINI Cooper 100

Zwarte Zee 拖船 Zwarte Zee Tugboat 198

人力車 Rickshaw 46

大小銅板腳踏車 Penny Farthing Bicycle 48

太空船一號 SpaceShipOne 248

月球車 Lunar Rover 122

水下研究船 Underwater Research Vessel 196

史蒂芬生火箭號 Stephenson's Rocket 138

四輪驅動車 4 × 4 Vehicle 84

曳引機 Tractor 64

地面纜車 Cable Car 34

8-9 劃

協和機 Concorde 228

固特異軟式飛船 Goodyear ® Blimp 216

孟格菲熱氣球 Montgolfier Hot Air Balloon 208

拖車 Tow Truck 118

拖網漁船 Fishing Trawler 176

油罐車 Refueling Truck 92

直升機 Helicopter 222

阿波羅登月小艇 Apollo Lunar Module 244

客輪與汽車渡輪 Passenger and Car Ferry 190

挖土機 Digger 102

美國太空總署太空梭 NASA Space Shuttle 242

美國太空總署火箭 NASA Rocket 246

迪士尼樂園單軌電車 Walt Disney World ® Monorail 158

降落傘 Parachute 220

風扇船 Airboat 184

10-12 劃

倫敦地鐵 London Underground Train 134

時光機器 Time Machine 252

校車 School Bus 90

氣象氣球 Meteorological Balloon 224

氣墊船 Hovercraft 182

海岸巡邏艇 Coast Guard Patrol Boat 204

消防車 Fire Engine 62

窄軌火車 Narrow-gauge Train 148

馬丘比丘火車 Machu Picchu Train 154

馬車 Horse and Carriage 50

高鐵 High-speed Train 156

偉士牌速克達 Vespa ® Scooter 98

貨物列車 Freight Train 150

貨櫃輪 Container Ship 171

雪鐵龍 2CV Citroën 2CV 96

雲霄飛車 Roller Coaster 128

13-14 劃

剷雪車 Snow Plow 56

塞斯納一七二型天鷹 Cessna 172 Skyhawk 238

滑水船 Water-ski Boat 194

滑翔機 Hang Glider 230

遊艇 Pleasure Boat 206

郵輪 Cruise Ship 168

運河船 Narrowboat 178

達文西的飛行器 Da Vinci's Flying Machine 214

福特 T 型車 Ford Model T 54

福斯露營車 VW Camper Van 120

臺車 Railroad Handcar 152

蒸汽火車 Steam Train 124

蒸汽火車頭 Steam Locomotive 126

15-27 劃

摩托車的邊車 Motorcycle Sidecar 52

歐洲之星 Eurostar ™ Train 164

潛艇 Submarine 186

熱氣球吊籃 Hot Air Balloon Basket 210

機場 Airport 232

濱海電車 Seaside Tram 146

聯合收割機 Combine Harvester 44

聯結車 Semi-trailer Truck 104

賽車 Racing Car 108

雙層巴士 Double-decker Bus 72

雙體船 Catamaran 200

羅馬戰車 Roman Chariot 42

鐵甲艦 Ironclad Warship 174

纜車車廂 Cable Car 36

纜索鐵道 Funicular 142

幕後功臣

彼得・布萊克特（Peter Blackert）來自澳洲，為樂高俱樂部的成員，網路暱稱為「LEGO0911」，他神奇的汽車、貨車與飛機作品聞名世界，一〇八頁的一級方程式賽車就是他的作品。

斯圖爾特・克萊蕭（Stuart Crawshaw）從四十幾年前便開始組樂高積木，與娜歐蜜・法爾（Naomi Farr）一同住在英國的漢普郡，為系統工程師。二四二頁的美國太空總署太空梭與二四六頁的美國太空總署火箭都是斯圖爾特的作品。

安卓・克勞蕭（Adrian Croshaw）是來自英國布里斯托的樂高迷，一四六頁的濱海電車是他的傑作。安卓是德比郡的克里奇電車博物館的活躍志工，也是這工作激發他搭組樂高電車的想法。

艾德・狄蒙特（Ed Diment）是專業的樂高積木搭建公司「布萊特積木」（Bright Bricks）的董事。艾德的巨型積木模型舉世聞名，包含胡德號戰鬥巡洋艦、無畏號航空母艦及出現在二二八頁的協和機模型。

金・艾森（Kim Ebsen）住在丹麥的日德蘭半島，是樂高俱樂部成員。金是位專業水利工程師，也因此成功拆解分析了四十四頁的聯合收割機。每一個大型模型需花上他約一年的時間。

華倫・艾斯摩爾（Warren Elsmore）來自英國愛丁堡，是位樂高積木藝術家。四歲時便愛上了樂高，現在於樂高粉絲社群擔任要角。在成功的資訊業生涯後，他決定投注全副心力，協助許多公司實現他們的樂高夢想。華倫的前三本書（《樂高玩世界》、《樂高奇景》、《用樂高複製經典電影場景》）在全球佳評如潮。他製作的模型在英國各博物館與藝廊巡迴演出。更多資訊可上他的網站：warrenelsmore.com

娜歐蜜・法爾（Naomi Farr）在英國劍橋大學三一學院主修數學，現為「樂高迷組織」（Brickish Association）的成員。娜歐蜜的作品曾在英國跟歐洲展示，包含大小銅板腳踏車（四十八頁）、氣墊船（一八二頁）、美國太空總署太空梭（二四二頁）與美國太空總署火箭（二四六頁）。

卡爾・葛雷粹斯（Carl Greatrix）來自英國斯塔福德郡，為樂高俱樂部成員。在進入 TT Games 樂高系列遊戲公司前，他是諷刺畫家兼漫畫家。卡爾現在為資深的樂高模型設計師，同時也自創模型，像是在本書展出的貨物列車（一五〇頁）與歐洲之星（一六四頁）。

克拉斯・梅賀（Klaas Meijard）跟荷那・霍夫邁斯特（Rene Hoffmeister）為專業的樂高建築師，遊遍全球各地搭建樂高。兩人一同打造了驚人的郵輪（一六八頁）。

亞揚・歐德・寇特（Arjan Oude Kotte）來自荷蘭，為大公司打造符合樂高人偶大小的樂高船。本書展示了他的拖網漁船（一七六頁）及 Zwarte Zee 拖船（一九八頁）。

瑞夫・賽佛斯博（Ralph Savelsberg）是荷蘭國防部的物理學家，定期為熱門的樂高部落格 Brothers Brick 寫文章，他的飛機模型鉅細靡遺，非常有名。本書展示了他知名的消防車（六十二頁）、雙層巴士（七十二頁）、校車（九十頁）、雪鐵龍2CV（九十六頁）、MINI Cooper（一〇〇頁）、挖土機（一〇二頁）及直升機（二二二頁）。

大衛・坦納（David Tabner）住在英國南海岸，是樂高俱樂部成員，也是當地樂高火車俱樂部的創始會員之一，一三四頁的驚人倫敦地鐵可以證明。

羅納德・法勒杜克（Ronald Vallenduuk）是荷蘭的樂高粉絲，現居愛爾蘭，他的大型蒸汽火車（一二四頁）經常受邀完整陳列展出。

照片版權

本書所有照片為邁可・衛雀爾（Michael Wolchover）與華倫・艾斯摩爾（Warren Elsmore）所有，下列照片除外：
阿拉米（Alamy）圖庫的克里斯・衛爾森（Chris Willson）二十六頁（上方）
加雷斯・巴特華斯（Gareth Butterworth）二十二－二十三頁
拉斯・喬昆森（Lars Jockumsen）一六八－一七一頁

Minifigs.me 二十六頁（下方）
大衛・菲力斯（David Phillips）二十一頁
夏特史塔克（Shutterstock）十一、二十頁
摩根・史賓斯（Morgan Spence）二十七－二十九頁
羅納德・法勒杜克（Ronald Vallenduuk）一二四頁